식비 절약! **월간 식비** 10만 원

굴즈야밥묵자 지음

처음 시작하는 홈메이드 밀키트

바로 꺼내 조리하세요!

· 365 밀키트 백과사전 · 외식 대신 알뜰 집밥

식비 절약! 월간 식비 10만 원

처음 시작하는 홈메이드 밀키트

초판 1쇄 발행 · 2023년 11월 27일
초판 4쇄 발행 · 2024년 4월 17일

지은이 · 굴즈야밥묵자

발행인 · 우현진
발행처 · 용감한 까치
출판사 등록일 · 2017년 4월 25일
팩스 · 02)6008-8266
홈페이지 · www.bravekkachi.co.kr
이메일 · aoqnf@naver.com

기획 및 책임편집 · 우혜진
마케팅 · 리자
디자인 · 죠스 **교정교열** · 이정현
푸드디렉팅&필름디렉팅 · iamfoodstylist(총괄 김현학, 요리 및 푸드스타일링 김택완, 김태호, 이소향, 푸드스타일링 어시스턴트 김도현, 송민주, 이향미, 사진 촬영 및 디자인 신재원, 한정수)
CTP 출력 및 인쇄 · 제본 · 이든미디어

ISBN 979-11-91994-22-3(13590)

정가 25,000원

세상에서 가장 용감한 고양이 '까치'

동물 병원 블랙리스트 까치. 예쁘다고 만지는 사람들 손을 마구 물고 할퀴며 사나운 행동을 일삼아 못된 고양이로 소문이 났지만, 사실 까치는 누구보다도 사람들을 사랑하는 고양이예요. 사람들과 친해지고 싶은 마음에 주위를 뱅뱅 맴돌지만, 정작 손이 다가오는 순간에는 너무 무서워 할퀴고 보는 까치.

그러던 어느 날, 사람들에게 미움만 받고 혼자 울고 있는 까치에게 한 아저씨가 다가와 손을 내밀었어요. "만져도 되겠니?"라는 말과 함께 천천히 기다려준 그 아저씨는 "인생은 가까이에서 보면 비극이지만, 멀리서 보면 코미디란다"라는 말만 남기고 휭하니 가버리는 게 아니겠어요?

울고 있던 겁 많은 고양이 까치는 아저씨 말에 마지막으로 한 번 더 용기를 내보기로 했어요. 용기를 내 '용감'하게 사람들에게 다가가 마음을 표현하기로 결심했죠. 그래도 아직은 무서우니까, 용기를 잃지 않기 위해 아저씨가 입던 옷과 똑같은 옷을 입고 길을 나섭니다. '인생은 코미디'라는 말처럼, 사람들에게 코미디 같은 뻥 뚫리는 즐거움을 줄 수 있는 뚫어뻥 마법 지팡이와 함께 말이죠.

과연 겁 많은 고양이 까치는 세상에서 가장 용감한 고양이가 될 수 있을까요? 세상에서 가장 용감한 고양이 까치의 여행을 함께 응원해주세요!

contents

식비절약 시작하기

PART 1 맛있는 봄 밀키트

섹션 01. 3만 원 스피드 밀키트

섹션 02. 3만 원 봄나물 밀키트

섹션 03. 5만 원 든든한 밀키트

섹션 04. 5만 원 매운맛 밀키트

섹션 05. 1만 원 제철 반찬

PART 2 맛있는 여름 밀키트

섹션 01. 3만 원 홈외식 밀키트

섹션 02. 3만 원 고기 활용 밀키트

섹션 03. 5만 원 입맛 UP! 밀키트

섹션 04. 5만 원 채소 중독 밀키트

섹션 05. 1만 원 제철 반찬

PART 3 맛있는 가을 밀키트

섹션 01. 3만 원 뜨끈한 간단 밀키트

섹션 02. 3만 원 천고마비 밀키트

섹션 03. 5만 원 엄마 집밥 밀키트

섹션 04. 5만 원 제철 듬뿍 밀키트

섹션 05. 1만 원 제철 반찬

PART 4 맛있는 겨울 밀키트

섹션 01. 3만 원 따뜻한 밀키트

섹션 02. 3만 원 보글보글 밀키트

섹션 03. 5만 원 영양 듬뿍 밀키트

섹션 04. 5만 원 보양식 밀키트

섹션 05. 1만 원 제철 반찬

일러두기

이 책은 사계절의 특징을 살려 계절별로 알뜰하게 즐길 수 있는 일주일 집밥 밀키트를 소개합니다. 171가지 레시피로 만들 수 있는 1만 원으로 차리는 일주일 반찬부터 3만 원, 5만 원으로 차리는 다양한 밀키트를 소개합니다.

- **본문에 소개한 레시피는 1~2인분 기준입니다.**
- **밀키트별 재료 손질 등 요리 동선별 소요 시간은 개인에 따라 달라질 수 있습니다.**
- **밀키트 재료 준비하기, 손질 및 소분하기에 구성된 이미지는 이해를 돕기 위한 용도입니다.**

일주일 식단 계획표 → **이번 주 식단을 확인하세요!** 알뜰 밀키트별 레시피를 소개하기 전 어떤 식단으로 구성되었는지 한눈에 체크할 수 있도록 계획표를 미리 보여줍니다.

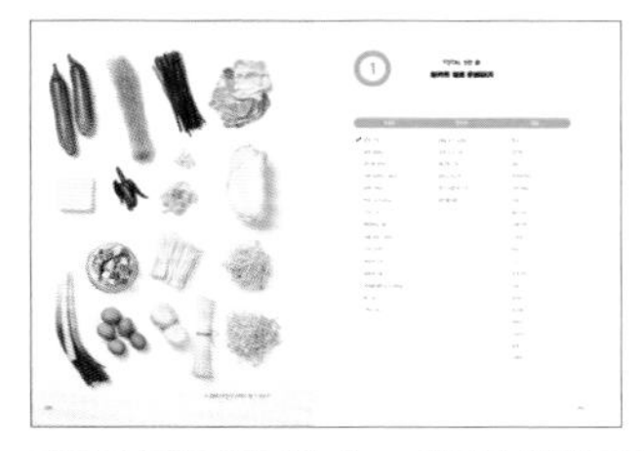

밀키트 재료 준비하기 → **일주일 밀키트를 위한 재료를 한번에 체크하세요!** 일주일 밀키트 레시피를 만들기 위해 필요한 모든 재료를 주재료, 부재료, 양념으로 나눠 소개합니다. 필요한 재료를 체크해 알뜰 쇼핑에 활용하세요.

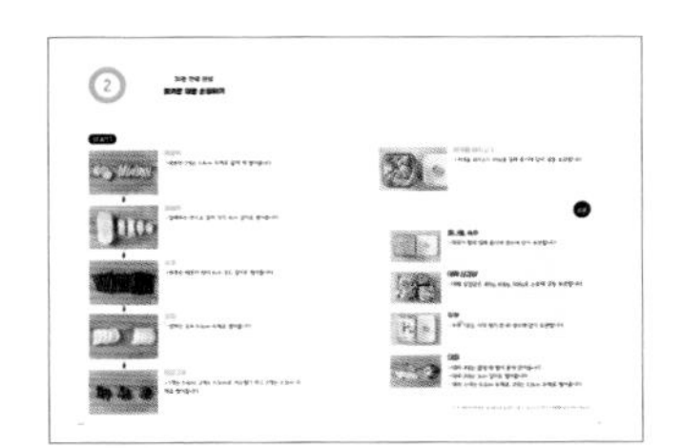

밀키트 재료 손질하기 → **일주일 식단에 필요한 재료를 한번에 손질하세요! 30분이면 완성!** 요일별로 바로 꺼내 먹을 수 있게 미리 재료를 손질해 보관하도록 전체 레시피를 위한 재료 손질법을 최적의 동선으로 알려줍니다. 재료별 손질법까지 함께 소개해 시간 낭비 없이 한번에 준비할 수 있도록 친절하게 알려줍니다.

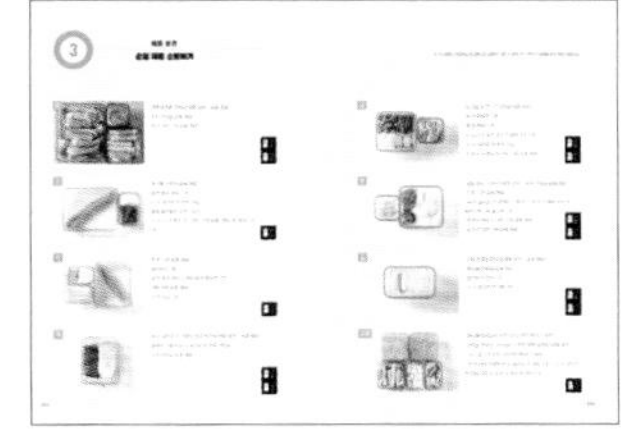

손질 재료 담기 → **재료를 다듬고 썰었다면, 이제 요일별로 담아두세요!** 손질한 재료를 요일별로 보관할 수 있도록 자세하게 알려줍니다. 별다른 손질 및 준비 없이 보관한 재료를 바로 꺼내 사용할 수 있도록 수량 및 보관법을 자세하게 알려줍니다.

* 대부분의 요일에 자주 사용되는 재료는 요일에 포함하지 않고 공용 재료로 따로 소개해 매번 준비해야 하는 번거로움을 최소화했습니다.

요일별 레시피 만들기 → **미리 준비한 재료를 요일별로 꺼내 바로 드세요!** 월요일부터 일요일까지 밀키트에 포함된 레시피를 소개합니다. 앞서 재료를 손질해 요일별로 소분해놓은 것을 사용하세요. 소분한 재료에 따라 간단하면서 맛있게 만들 수 있는 인기 레시피를 알려줍니다.

*본문의 재료 중 컬러 표시 재료는 밀키트에 포함되지 않는 재료로, 따로 준비해야 하는 재료를 표시해놓은 것입니다. 밀프렙을 하지 않아도 요리할 수 있도록 본문 레시피는 준비 과정부터 모든 과정을 설명하고 있습니다.

PROLOGUE

여기, 따뜻한 집밥에 초대합니다.

안녕하세요. 유튜브 굴즈야밥묵자 채널을 운영하고 있는 굴즈입니다. 유튜브를 시작한 지 벌써 4년이란 시간이 흘렀습니다. 이렇게 책을 통해 집밥 레시피를 소개할 수 있게 된 것이 너무 신기하고 감회가 새롭습니다. 사실 저는 요리 전문가가 아니라 그저 요리를 좋아하는 평범한 집밥러입니다. 저는 한 남자의 아내, 한 아이의 엄마가 되며 자연스럽게 주방에 재미를 붙이려 노력하게 되었어요.

집밥을 하면서 밀키트식으로 일주일 치 분량을 만들어놓게 된 것은 식재료를 절약하기 위해서였습니다. 장 보고 오면 귀찮아서 냉장고에 그대로 넣어두는 경우가 있는데, 그러다 보니 식재료를 활용하지 못하고 버리는 경우가 종종 생기더라고요. 아무래도 요즘 물가도 올라 식재료 하나하나가 정말 소중하죠. 한 끼 먹을 만큼 소분하면 식재료 낭비가 줄어들고 남는 식재료를 다양한 요리로 활용하니 식비를 절약하는 데 큰 도움이 되었어요. 요일별로 정해서 한 개씩 꺼내 바로 조리해 먹는 재미도 쏠쏠하고요.

저희 부부는 딸아이가 태어나기 전 외식과 야식을 참 좋아했어요. 그런데 어느 날 문득 되돌아보니 한 달 지출 중 외식 비용이 무척 많이 차지한다는 사실을 깨달았어요. 이러면 안 되겠다 싶어서 알뜰 집밥에 관심을 가졌죠. 또 집에서 요리할 때 조미료는 최대한 적게 쓰고 소금, 간장 등 염분을 조금이라도 덜 넣게 되었어요. 그러다 보니 집밥을 먹으면 소화가 잘되고 몸무게를 유지하는 데도 큰 도움이 되었어요.

특히 요즘은 건강을 생각해서 하루 한 끼만큼은 집밥을 먹고자 노력하는 분들이 많은 것 같아요. 집밥은 간단한 요리여도 나를 위해 또는 사랑하는 사람을 위해 직접 재료를 사서 요리하는 정성만으로도 큰 기쁨과 뿌듯함을 선사하는 것 같아요.

이 책을 보는 모든 분들이 따뜻한 집밥을 먹고 행복했으면 하는 마음에 제가 그동안 요리해오면서 알게 된 알뜰 꿀팁, 밀프렙 노하우, 레시피를 최대한 담아보았어요. 이 책이 단순히 레시피 책이 아닌 소중한 한 끼를 가져다주는 선물이었으면 해요.
감사합니다.

굴즈네 알뜰 집밥 포인트

마트에서 쉽게 구할 수 있는 식재료를 사용해요

요리도 하기 전에 레시피를 보다가 어려운 재료가 나오면 "에잇, 나는 못하겠다" 하고 포기해버리게 돼요. 항상 쓰던 양념, 소스 등 마트에서 쉽게 구입할 수 있는 재료에 자주 손이 가고 찾게 되죠. 이 책에서도 어려운 식재료, 양념 없이 마트에서 쉽게 구매할 수 있는 것을 사용한 레시피를 소개해요.

간단한 레시피로 맛있는 집밥을 만들어 먹어요

누군가에게는 쉬운 레시피가 될 수도 있고, 누군가에게는 어려운 레시피가 될 수도 있지만 많은 분이 관심을 갖고 좋아해주신 것 중 간단하면서 맛있게 먹을 수 있는 레시피로 준비했어요.

일주일이 편해지는 일주일 밀키트로 재밌게 집밥을 먹어요

일주일 식단을 밀키트로 준비하면 식재료 낭비를 많이 줄일 수 있어요. 그뿐만 아니라 밀키트 만드는 데 최대 1시간만 투자하면 일주일 동안 먹는 집밥 준비, 조리 시간이 훨씬 단축되고 간편해서 건강한 집밥을 챙겨 먹는 데 큰 도움이 됩니다.

다양한 일주일 메뉴와 함께 식비까지 절약할 수 있어요

일주일 금액 기준을 정하고 그 안에서 최대한 다양한 레시피로 구성해봤어요. 맛있고 건강하게 먹을 수 있는 집밥에 지갑까지 지킬 수 있으니 일석이조예요.

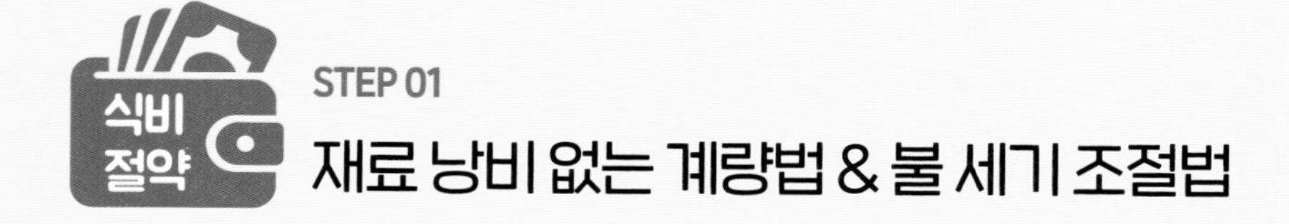

STEP 01

재료 낭비 없는 계량법 & 불 세기 조절법

이 책에서 다루는 레시피의 계량법은 단순해요. 집에서 사용하는 밥숟가락과 종이컵으로 모든 레시피의 계량을 할 수 있어요. 요리를 하다 보면 어느 순간부터 눈대중으로 몇 스푼인지 알게 되더라고요. 어렵지 않은 계량법을 간단히 설명해볼게요.

① 계량

· 밥숟가락

ㄴ **1큰술** 밥숟가락에 양념, 가루를 수북이 올리지 않고 딱 맞게 담은 분량이에요.

ㄴ **$\frac{1}{2}$큰술** 1큰술의 반 정도 담은 양이에요.

ㄴ **1작은술** 밥숟가락에 $\frac{1}{3}$만큼 찰 정도의 양이에요.

· 종이컵

ㄴ **1컵** 일반 크기의 종이컵 1개 분량으로 180ml 기준이에요.

ㄴ **$\frac{2}{3}$컵(120ml), $\frac{1}{2}$컵(90ml)**

tip. 국, 찌개는 처음 물을 넣을 때 생각한 기준보다 살짝 덜 넣으세요. 처음부터 물을 많이 넣는 것보다 조금씩 더 넣는 것이 요리를 완성하기 쉬워요.

② 불 조절법

· **강한불** 팬에 음식을 올리기 전에 강한 불로 살짝 가열하고 음식을 올립니다. 볶음, 국 같은 경우에도 강한 불로 먼저 조리한 후 중간 불 또는 약한 불로 조리합니다.

· **중간불** 자주 사용하는 불 세기입니다. 굽기, 끓이기, 부치기 등 재료를 충분히 익히기 위해 중간 불을 사용합니다.

· **중약불** 중간 불에서 요리하다 마무리할 때쯤 중약불로 줄입니다.

· **약한불** 조리 마무리 단계이거나 타기 쉬운 요리를 할 때 약한 불을 주로 사용합니다.

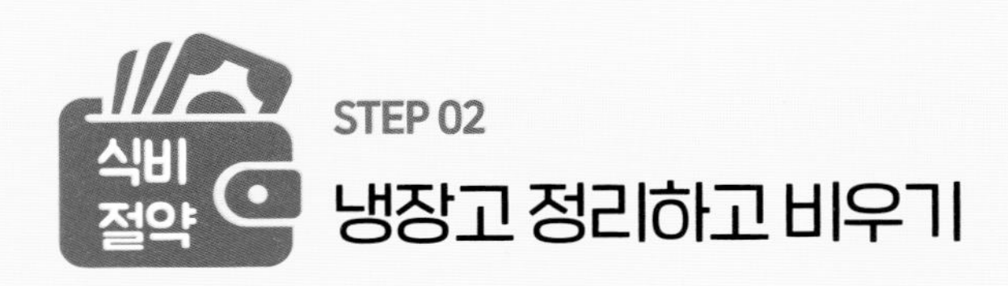

STEP 02

냉장고 정리하고 비우기

식비를 절약하려면 제일 먼저 해야 할 것이 냉장고 정리, 비우기예요. 한 달에 한 번씩 냉장고에 있는 모든 식재료를 꺼내 선반을 깨끗이 닦아내고, 위치별로 규칙을 만들어 식재료마다 정해진 위치에 두면 훨씬 더 알뜰하게 살림을 할 수 있어요. 무엇보다 깨끗한 냉장고를 보면 뿌듯하고 마음까지 깨끗해지는 듯한 기분이에요. 괜스레 냉장고를 자꾸 쳐다보면서 이것저것 만들어 먹고 싶은 마음이 들기도 하죠. 냉장고 정리 규칙은 각자의 스타일마다 다르겠지만 보통 다음과 같이 정리하면 효율적입니다.

※ 냉장고 위치별 구역 설정

- 냉장고 첫 번째 채소 칸에는 과일, 부피가 큰 것
- 진열대 첫 칸에는 김치, 된장, 고추장, 잡곡처럼 무거운 식재료
- 두 번째 칸에는 자주 꺼내 먹는 반찬과 식재료
- 제일 윗칸에는 비교적 가볍고 금방 먹을 식재료
- 문 왼쪽 칸에는 냉장 보관해야 하는 자주 쓰는 양념과 가루(전분, 찹쌀, 생강가루, 카레가루 등)
- 오른쪽 수납 칸에도 자주 쓰는 소스, 가루 등을 수납
- 냉동실 또한 고기, 해물, 튀김 등 각 칸으로 구분해서 보관

각각의 규칙에 맞게 넣어 정리하면 식재료를 한눈에 보기도 좋고 찾아 쓰기에도 좋아요. 정리하다 유통기한이 지난 식재료는 과감하게 버립니다. 이렇게 정리하면서 규칙을 만들다 보면 미처 알지 못했던 냉장고 속 식재료가 정리되죠. 식재료를 하나씩 활용해 집밥을 만들면 자연스럽게 냉장고 비우기가 실천되더라고요. 냉장고가 비워지면 2~4주 정도의 식단 또는 필수 식재료를 체크하고 메모해두고 장을 봐서 채웁니다.

❶ 냉장고 속 식재료가 눈에 바로 띄도록 구분해주세요.
• 스테인리스 스틸 통의 경우 안에 든 식재료가 보이지 않아 깜빡하는 경우도 있죠. 이럴 때는 식재료명, 소비 기한 라벨을 붙여보세요.
• 유리 재질의 소분 용기로 식재료가 잘 보일 수 있게 해주세요. 재료마다 색이나 통 크기를 구분해서 보관하는 것도 방법입니다.

❷ 식자재는 최대한 정리해서 넣어두면 훨씬 더 깔끔해요.
냉동식품 또한 그대로 넣지 않고 분리해서 보관하면 냉동실을 훨씬 더 효율적으로 관리할 수 있어요.

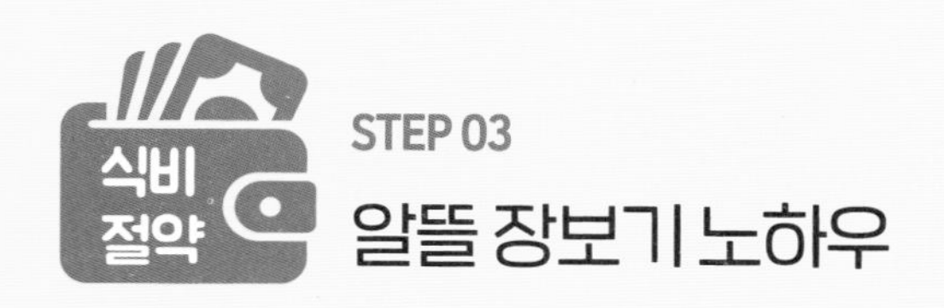

STEP 03

알뜰 장보기 노하우

마트에 장을 보러 가기 전에 꼭 필요한 냉장고 정리와 비우기를 마친 후, 일주일 치 식단을 짜거나 자주 먹는 식재료 위주로 체크리스트를 정해두고 메모지 또는 스마트폰 메모장에 적어 장 보러 갈 때 가지고 가면 불필요한 지출을 막을 수 있어요. 저는 주로 일주일 치 식단을 정해서 장을 보러 가요. 이렇게 하면 계획에 없던 물품을 사게 되어 불필요한 지출을 막을 수 있어요. 육류와 수산물은 신선도가 중요해서 2일 이내에 먹을 것 아니면 당일 사는 것이 가장 좋죠. 그래서 식단을 구성할 때 신선도 유지가 중요한 식재료는 1~2일 안에 모두 소진하도록 계획합니다. 장 보는 곳은 대표적으로 대형 마트, 동네 마트, 온라인 쇼핑몰, 전통시장 등 네 군데예요.

시장에 가면 여러 물품 보는 재미도 있고 마트에는 없는 저렴한 식재료를 구할 수 있기도 해요. 주로 사는 채소, 버섯, 생선, 육류는 동네 마트를 이용합니다. 동네 마트보다 다양한 제품을 갖춘 대형 마트에는 완제품을 구매하러 가요. 대형 마트는 늦은 저녁 마감 시간에 가면 반값으로 구입할 수 있어서 좋아요. 전통시장의 경우 온누리 상품권(종이형, 카드형)을 사용하면 10% 할인된 금액으로 식재료를 구입할 수 있어요.

온라인 쇼핑몰은 주로 사는 식재료보다 육류 또는 대량으로 냉동식품을 구매할 때 이용합니다. 소량 구입이 오히려 더 절약되는 경우가 있는데, 온라인 쇼핑몰은 소량으로 사기 좋아서 1~2인 가구라면 먹을 만큼 구매하는 것을 추천합니다. 특히 온라인 쇼핑몰은 쿠폰 또는 적립 포인트를 적극 이용하면 비용을 줄일 수 있어요. 이렇게 마트, 시장, 온라인 쇼핑몰을 품목별로 분류해놓으면 식비를 절약하는 데 큰 도움이 되죠. 따로 메모해두기 불편하다면 구매 영수증을 냉장고 문에 자석으로 붙여놓으면 냉장고 속 식재료를 체크하기 수월해요.

※ 알뜰 장보기 TIP

- 장 보러 가기 전! 마트 전단을 미리 확인해 저렴한 기획 상품, 제철 식재료를 확인하고 필요한 제품 리스트를 작성해 소비 금액을 정확하게 정해둡니다.
- 제철 식재료가 늘 우선순위! 채소, 해산물은 제철 식재료일수록 영양가가 풍부하고 신선하며 가격도 저렴한 편이에요.
- 온라인 쇼핑몰의 경우 무료 배송 / 쿠폰 / 적립금 활용! 요즘은 쿠팡, SSG, 킴스오아시스 등 다양한 온라인 쇼핑몰에서 신선식품을 빠르게 받아볼 수 있습니다. 게다가 할인 상품, 쿠폰, 적립금 등을 잘 활용하면 보다 편리하고 알뜰하게 장을 볼 수 있어요.
- 대형 마트의 경우 마감 시간 세일 상품을 노립니다. 마트 마감 2~3시간 전을 활용하면 할인된 가격에 구입할 수 있어요.

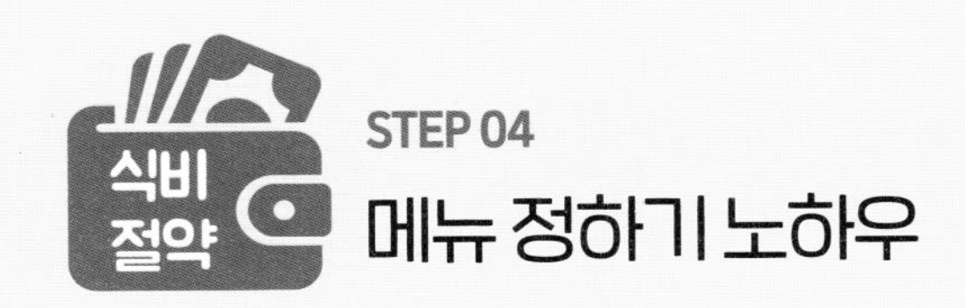

STEP 04

메뉴 정하기 노하우

식단을 정할 때 가족(나 포함)이 먹고 싶어 하는 것, 제철 식재료로 나누어서 식단을 정하고 있어요. 그러고 나면 메인 식재료를 정하고 나머지 부재료를 정하는데, 부가적인 식재료를 사다 보면 항상 반 정도 남게 되죠. 그러면 남은 식재료로 메뉴를 정해요. 갖고 있는 식재료 중 달걀 요리, 전, 국, 볶음 등에 같이 넣어 먹어도 어울리겠다 싶다면 도전적으로 재료를 활용해보는 것도 좋아요. 여기에 더 중요하게 여기는 것은 제철 식재료예요. 제철인 만큼 신선한 식재료를 더 저렴하게 구매할 수도 있고, 영양분이 가득 들어 있어 계절마다 잘 이용하고 있어요. 마트에 제철 신선 식재료를 진열해두기도 하지만, 미리 알아두고 메모해 가면 메뉴 정하는 데 도움이 많이 될 거예요.

1월
- **해산물** 과메기, 참돔, 방어, 삼치, 대구, 명태, 아귀, 문어, 가자미, 굴, 꼬막, 미역, 홍합, 매생이 등
- **채소&과일** 귤, 딸기, 한라봉, 곶감, 연근, 콜라비, 봄동, 당근, 더덕, 무, 유채나물, 시금치, 감자, 우엉 등

2월
- **해산물** 삼치, 참돔, 우럭, 문어, 주꾸미, 방어, 아귀, 가자미, 바지락, 꼬막, 미역 등
- **채소&과일** 천혜향, 한라봉, 딸기, 달래, 냉이, 당근, 연근, 더덕, 무, 시금치, 미나리, 봄동, 유채나물 등

3월
- **해산물** 소라, 문어, 주꾸미, 바지락, 가자미, 동죽, 톳, 조기, 미더덕, 임연수어 등
- **채소&과일** 금귤, 대저토마토, 딸기, 한라봉, 당귀, 고사리, 쪽파, 쑥, 취나물, 두릅, 씀바귀, 달래, 냉이, 유채나물, 봄동 등

4월
- **해산물** 키조개, 멸치, 톳, 바지락, 참다랑어, 조기, 동죽, 주꾸미, 꼬시래기, 멸치, 멍게 등
- **채소&과일** 대저토마토, 딸기, 두릅, 청경채, 명이나물, 냉이, 쑥, 고사리, 돌나물, 쪽파, 마늘종, 아스파라거스, 쑥갓, 취나물덕 등

5월
- **해산물** 갑오징어, 광어, 다시마, 멍게, 장어, 다슬기, 소라, 키조개 등
- **채소&과일** 매실, 딸기, 참외, 대저토마토, 카라향, 상추, 숙주, 오이, 피망, 호박잎, 취나물, 두릅, 마늘종, 부추 등

6월
- **해산물** 한치, 은어, 암꽃게, 장어, 뿔소라, 다슬기, 제첩 등
- **채소&과일** 산딸기, 앵두, 오디, 복분자, 복숭아, 자두, 살구, 멜론, 초당옥수수, 완두콩, 매실, 비트, 토마토, 애호박, 양상추, 케일 등

7월
- **해산물** 한치, 전복, 장어, 쥐치, 은어, 다시마 등
- **채소&과일** 자두, 참외, 수박, 레몬, 복숭아, 살구, 멜론, 방울토마토, 블루베리, 용과, 가지, 오이, 고구마순, 열무, 셀러리, 여주 등

8월
- **해산물** 문어, 미꾸라지, 갈치, 전복, 다시마, 쥐치, 민어, 한치 등
- **채소&과일** 토마토, 방울토마토, 레몬, 백향과, 자두, 수박, 포도, 샤인머스캣, 블루베리, 가지, 애호박, 강낭콩, 치커리, 호박잎 등

9월
- **해산물** 대하, 고등어, 광어, 전어, 갈치, 참게, 다시마, 우렁 등
- **채소&과일** 무화과, 포도, 방울토마토, 석류, 배, 샤인머스캣, 부추, 잣, 우엉, 호박, 브로콜리, 송이버섯, 대추, 상추, 느타리버섯 등

10월
- **해산물** 대하, 광어, 낙지, 해삼, 고등어, 갈치, 굴, 우렁, 미꾸라지, 꽁치, 대게, 홍합 등
- **채소&과일** 감, 사과, 무화과, 배, 샤인머스캣, 키위, 오미자, 도토리, 땅콩, 밤, 양송이버섯, 표고버섯, 브로콜리, 고구마, 대파 등

11월
- **해산물** 문어, 오징어, 해삼, 꼬막, 대게, 복어, 굴, 낙지, 홍합, 전어, 매생이, 삼치, 미꾸라지, 과메기, 대하 등
- **채소&과일** 유자, 귤, 키위, 홍시, 사과, 배, 모과, 팥, 브로콜리, 콜라비, 무, 배추, 갓, 연근, 당근, 더덕, 시금치, 대파, 팽이버섯, 백태콩, 표고버섯, 양송이버섯, 생강 등

12월
- **해산물** 도루묵, 삼치, 우럭, 가리비, 굴, 대게, 홍합, 매생이, 꼬막, 낙지, 박대, 과메기, 복어, 방어, 참돔, 미역 등
- **채소&과일** 귤, 홍시, 유자, 키위, 사과, 한라봉, 석류, 월동무, 시금치, 우엉, 연근, 콜리플라워, 콜라비, 늙은 호박, 더덕, 도라지, 갓, 배추, 대파 등

STEP 05

알뜰 집밥 밀키트 밀폐 용기 고르는 법

제가 밀폐 용기를 사용하는 것은 냉장고를 청결하게 유지하고 식재료를 소분해 남김 없이 알뜰하게 쓰기 위해서예요. 마트에서 사 온 그대로 비닐 봉투째 냉장고에 넣어두기보다는 비닐은 버리고 밀폐 용기에 넣으면 보관 기간도 길어지고 냉장고를 더욱 깨끗이 관리할 수 있습니다. 또 어떤 식재료가 있는지 한눈에 알 수 있고, 찾기 쉬워요. 밀폐 용기는 종류가 무척 다양한데, 저렴한 가격도 중요하지만 보관하려는 식품에 따라 적합한 밀폐 용기를 찾는 것이 더 중요해요.

※바퀸

※ 밀폐 용기 장단점 구분

❶ 플라스틱 / 트라이탄 밀폐 용기

장점 · 가벼움 · 가격이 비교적 저렴

단점 · 환경호르몬 노출 위험(트라이탄의 경우 환경호르몬 노출 없음)
· 음식 냄새나 색이 배어 세척하기 힘듦

❷ 유리 밀폐 용기

장점 · 색이 배지 않음 · 냄새가 배는 것은 비교적 적음 · 세척하기 편리
· 내부 음식을 바로 볼 수 있음

단점 · 다소 무거움 · 깨질 위험이 있음

❸ 스테인리스 스틸 밀폐 용기

장점 · 색이나 냄새가 배지 않아 관리가 편함 · 깨질 위험이 적음

단점 · 전자레인지 사용 불가 · 내부 음식을 보기 힘듦

❹ 실리콘 밀폐 용기

장점 · 가벼움 · 깨질 위험이 없음 · 내열성이 좋음 · 소량 소분 용기로 사용하기 좋음

단점 · 세척과 소독이 비교적 힘듦 · 색이 배어 세척하기 힘듦

❺ 진공 밀폐 용기

장점 · 공기를 차단해 식재료의 신선도를 더 오래 유지시킴 · 깔끔한 보관

단점 · 처음 식재료 보관 시 온도 차이로 인해 하루, 이틀은 습기를 닦아 주는 관리가 필요함

STEP 06

구비해두면 본전 뽑는 기본 양념

간장

· 진간장, 양조간장 단맛이 나는 간장으로 볶음, 조림, 장아찌, 무침에 주로 사용해요.

· 국간장 염분이 많아 국, 찌개, 전골 등의 간을 맞추는 데 사용해요.

소금

· 굵은소금 김치를 담글 때 배추를 절이거나 젓갈, 장아찌를 만들 때, 조개를 해감하거나 씻을 때 주로 사용해요.

· 구운 소금 한번 구운 것으로, 쓴맛과 짠맛이 적어 기름장이나 무침에 사용해요.

· 맛소금 조미료와 동일한 역할을 하며, 국이나 찌개에 사용해요.

기름

· 올리브 오일 샐러드, 소스, 간단한 구이, 볶음에 주로 엑스트라 버진 올리브 오일을 사용해요.

· 포도씨유, 카놀라유 튀김에 주로 사용해요.

· 참기름 모든 요리에 두루 사용해요. 고소한 향을 유지하기 위해 볶음과 국을 만들 때는 맨 마지막에 넣어주세요.

· 들기름 들기름은 빨리 산패되므로 냉장 보관하는 것이 좋아요.

액젓

참치액젓 국물을 만들 때 사용해요.

멸치액젓 김치 담글 때 주로 사용하고, 국, 무침에 감칠맛을 내는 데 사용해요.

까나리액젓 멸치액젓보다 깔끔하고 비린 맛이 덜해요. 국, 찌개 간을 맞출 때 국간장 대신 사용해도 돼요.

새우젓

김치 담글 때 혹은 국 간을 맞추는 데 사용하고, 돼지고기를 찍어 먹는 소스 용도로도 사용해요. 새우젓은 소화와 염증 개선을 도와줍니다.

올리고당/물엿

단맛을 내는 두 가지는 사용법이 조금씩 다릅니다. 물엿은 당이 높아 올리고당을 주로 사용해요.

· 물엿 색과 모양 유지에 탁월하고 열에 강해 단맛과 윤기를 내는 데 사용합니다.

· 올리고당 열에 약해 가열하지 않는 요리, 무침 등에 사용합니다.

설탕

단맛을 내는 데 사용하는데, 설탕 대신 올리고당, 매실액을 사용해도 좋습니다.

매실액

조리 시 많이 달지 않은 은은한 맛을 내기 위해 주료 양념, 무침에 사용합니다.

고추장, 된장

찌개, 나물, 무침 등 실생활에서 자주 사용하는 고추장과 된장은 제품마다 짠맛, 매운맛, 단맛이 모두 다르기 때문에 구입했을 때 맛을 확인하고 농도를 조절하세요.

굴소스

굴소스 특유의 향미로 간장 대신 감칠맛을 내는데, 볶음, 양념장에 주로 사용해요.

식초

다양한 요리에 꼭 필요한 신맛을 내는 발효 조미료예요. 피클, 시원한 냉국 요리는 물론 냄비, 팬, 전자레인지 등을 세척할 때 자주 사용해요.

맛술 / 청주

· 맛술 단맛이 있고 생선 요리의 비린내, 육류의 잡내를 제거하는 데 자주 사용해요.

· 청주 단맛이 없어 담백한 요리에 잘 어울려요. 생선의 비린내, 육류의 잡내를 제거하는 데 사용해요.

토마토케첩, 마요네즈

· 토마토케첩 새콤달콤한 맛으로 자주 찾게 되는 소스입니다.

· 마요네즈 빵 소스, 코울슬로, 샐러드 등을 만드는 데 주로 사용하는데, 냉장고에 구비해두면 유용합니다.

홀그레인 머스터드

육류 요리, 샐러드드레싱, 빵에 자주 사용해요.

치킨 스톡

다양한 요리에 감칠맛을 내는 조미료로 사용해요.

버터

베이킹, 볶음밥, 해산물, 육류 등 다양한 요리에 기름 대신 사용해요.

후추

후춧가루는 편하게 쓰기 좋고, 갈아서 쓰는 통후추는 향이 더 강하고 고기 삶을 때 사용합니다.

고춧가루 / 카레가루 / 전분 / 들깻가루

· 고춧가루 굵은/고운 고춧가루 두 종류로 굵은 고춧가루는 모든 요리에 사용하며, 고운 고춧가루는 색을 내는 데 좋습니다.

· 카레가루 볶음밥, 카레라이스, 떡볶이, 닭갈비, 튀김옷에 사용합니다.

· 전분 덮밥, 탕수육소스, 튀김옷 등에 사용합니다.

· 들깻가루 국을 끓일 때 마지막에 2~3스푼씩 넣어 구수한 맛을 내는 데 사용합니다. 이 외에도 소스 등에 다양하게 활용합니다.

매운 건고추

고춧가루 대신 넣어 깔끔한 국물 맛을 내는 데 사용합니다.

레몬즙

샐러드드레싱, 해산물 잡내 제거, 소스 등에 주로 사용합니다.

참깨, 검은깨

고소한 맛을 내고 요리 마지막 단계에서 고명처럼 뿌려 먹는 데 사용해요. 깨는 갈아서 사용하면 훨씬 더 고소하고 향이 좋아요. 사용하고 남은 것은 냉동 보관합니다.

칠리소스

새콤달콤하면서도 매콤한 맛으로 육류, 해산물, 채소 등 모든 재료에 두루 잘 어울리는 소스예요.

※ 만능장 레시피

만능매콤양념장 2인 기준 5~6회 사용

대파 1대는 믹서에 물을 약간 넣고 곱게 갈아놓습니다. 설탕과 올리고당의 양은 취향에 따라 조절하세요. 재료를 모두 섞어 용기에 담은 후 냉장고에서 3일 동안 숙성하면 맛이 더욱 깊어져요. 닭볶음탕, 제육볶음, 짜글이, 주꾸미볶음, 떡볶이, 두부조림 등을 만들 때 매번 재료를 하나씩 꺼내 만들기 번거로울 때가 있죠. 이럴 때 만능매콤양념장만 있으면 정말 편리하고 빠르게 조리할 수 있어요.

재료 고춧가루 100ml, 고추장 180ml, 진간장 80ml, 맛술 50ml, 다진 마늘 4큰술, 설탕 30ml, 올리고당 50ml, 대파 1대, 굴소스 1큰술, 다진 생강 ⅓큰술(선택)

만능맛간장 2인 기준 5~6회 사용

맛간장 하나만 있으면 볶음, 고기 요리 등 다양하게 활용할 수 있어요. 소불고기, 어묵볶음, 장아찌, 잡채, 노른자장 등 진간장이 들어가는 레시피에 맛간장을 넣으면 감칠맛이 더욱 살아나요.

① 양파 ½개는 1cm 두께로 썰어놓습니다.

② 냄비에 모든 재료를 넣고 강한 불에서 5분, 중간 불에서 10분간 끓입니다.

③ 차게 식힌 후 면보를 대고 체에 거른 다음 병에 담아 냉장 보관합니다.

재료 진간장 2컵(360ml), 물 700ml, 맛술 ⅓컵(60ml), 다시마 10g, 대파 2대, 건표고 5개, 통후추 약간, 양파 ½개, 통마늘 10개, 올리고당 50ml

03 만능비빔장 2인 기준 5~6회 사용 / 냉장 보관 최대 2개월

미역초무침, 비빔국수, 오이무침, 꼬막무침, 골뱅이무침, 물회 등에 넣으면 정말 맛있어요. 특히 더운 여름에 활용도가 높은 비빔장이에요.

① 양파 ½개와 사과 ½개는 믹서에 곱게 갈아줍니다.

② 모든 재료를 섞어 용기에 담은 후 냉장고에서 3일간 숙성하면 더욱 맛있는 비빔장이 완성됩니다.

※ 고춧가루의 입자가 굵은 경우 믹서에 한번 갈아서 사용하세요.

재료 고추장 200ml, 고춧가루 100ml, 식초 50ml, 설탕 30ml, 올리고당 30ml, 진간장 50ml, 양파 ½개(간 것), 사과 ½개(간 것), 매실청 20ml, 다진 마늘 3큰술, 소금 ½큰술, 연겨자 ½큰술(선택)

04 만능무침장

나물을 간단하게 데친 후 물기를 꾹 짜서 만능무침장 2~3스푼으로 간편하게 반찬을 완성할 수 있어요.

① 볶음에 사용

준비한 재료를 한 냄비에 모두 넣어 한번 끓어오르면 불을 끄고 충분히 식힌 다음 유리병에 담아 냉장 보관합니다.

② 나물에 사용

나물 등 무침에 살짝 넣고 참기름, 통깨를 살짝 넣어 무칩니다.

1번 재료 진간장 200ml, 맛술 200ml, 통마늘 5개, 고추장 1큰술, 설탕 1큰술, 다시마 10g

2번 재료 국간장 : 까나리액젓 : 참치액젓을 1:1:1 비율로 넣습니다.

STEP 07

알뜰 집밥 식재료 손질과 소분법

· 채소

잎채소는 물에 취약하므로 최대한 물이 적게 닿도록 보관합니다. 가볍게 씻어낸 경우 물기를 털어 종이 타월 또는 친환경 행주로 감싸서 지퍼 백이나 밀폐 용기에 담아 채소 칸에 보관합니다.

· 팽이버섯

팽이버섯 봉지에 있는 선을 기준 삼아 밑부분은 칼 또는 가위로 잘라 버립니다. 남은 버섯의 밑부분을 칼로 툭툭 두들겨서 꺼내면 가닥을 쉽게 분리할 수 있어요.

· 우엉

흙이 묻은 우엉을 흐르는 물에 씻은 후 칼등으로 껍질을 긁어줍니다. 원하는 굵기, 길이대로 썰어 갈변을 막기 위해 식초물에 담가놓은 후 조리합니다.

· 대파

가위로 뿌리를 잘라냅니다. 누렇게 뜨거나 상한 잎은 잘라내고 흰 부분의 지저분한 겉잎은 한 겹 벗겨냅니다. 흐르는 물에 깨끗이 씻은 후 채반에 밭쳐 물기를 충분히 제거하세요. 대파 흰 부분, 파란 잎 부분을 적당한 길이로 썰어 줍니다. 그런 다음 밀폐 용기에 키친타월을 깔고 보관합니다.

· 양배추

양배추는 네모 모양이 나오게 둥근 부분을 잘라냅니다. 네모난 부분의 윗부분은 쌈용으로 사용하고 나머지는 적당한 크기로 썰어 볶음에 사용합니다. 둥근 부분은 얇게 채 썰어 샐러드에 사용하거나 적당한 크기로 썰어 볶음에 사용합니다.

· 데친 나물류

데친 나물이 남았을 때는 약간의 수분이 남을 정도로 꾹 짜서 지퍼 백 또는 용기에 담아 냉동 보관합니다(꿀팁! 얼갈이, 시금치, 아욱을 데쳐서 다진 마늘, 된장을 넣고 버무려 물을 조금만 넣고 냉동시킨 뒤, 국이 필요할 때 꺼내 된장국으로 끓여 먹으면 좋아요).

· 양파

껍질을 벗겨 랩에 씌워 냉장 보관합니다.

· 감자

실온 보관 시 신문지를 깔아둡니다. 냉장 보관 시 껍질을 까서 생수에 담그면(식초 2~3방울 떨어뜨려도 좋아요) 일주일까지 보관 가능합니다.

※ 육류와 해산물은 1~2일 내에 먹는 것이 아니라면 즉시 냉동 보관합니다.

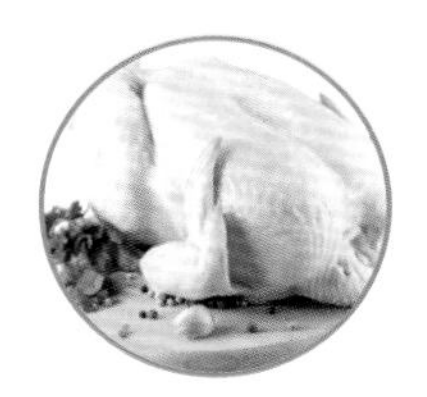

· 닭

흐르는 물에 내장까지 깨끗이 씻습니다. 깔끔한 국물 맛을 내기 위해 날개의 끝부분, 꼬리 부분을 제거합니다. 지방이 많은 엉덩이 주위는 가위로 적당히 제거하는 것이 좋습니다.

· 삼겹살, 소고기

종이 포일을 삼겹살 길이로 잘라줍니다. 삼겹살을 1장 올려 접고 다시 1장 올려 접은 후 지퍼 백에 담아 냉동 보관합니다.

· 불고기용 고기

한 끼 먹을 분량씩 소분합니다. 랩에 고기를 올려 펼쳐놓은 뒤 랩으로 감싸줍니다. 그런 다음 지퍼 백에 담아 냉동 보관합니다.

· 다진 고기

지퍼 백에 담아 넓게 펼쳐 넣은 뒤 공기를 빼고 지퍼 백을 닫습니다. 칼등으로 원하는 크기로 분리하고 냉동 보관한 후 필요한 만큼 떼어내 사용합니다.

· 오징어, 생선

냉장 보관이 필요할 때는 내장까지 제거하고 깨끗이 씻어 보관합니다. 오징어 껍질은 굵은소금으로 끝부분부터 문지르면 쉽게 벗겨낼 수 있어요. 생선은 반드시 표면의 물기를 제거하고 랩을 씌워 냉동실에 보관합니다.

· 조개

흐르는 물에 2~3번 깨끗이 헹굽니다. 볼에 조개와 물을 가득 담고 굵은소금 1큰술을 넣습니다. 그런 다음 검은 봉지 혹은 은박지를 씌워 1시간 동안 해감합니다.

STEP 08

알뜰 집밥 밀키트 식재료 썰기

· 반달썰기

애호박, 당근, 감자, 오이 등 둥근 재료를 길게 반 갈라 반달 모양으로 썰어요.

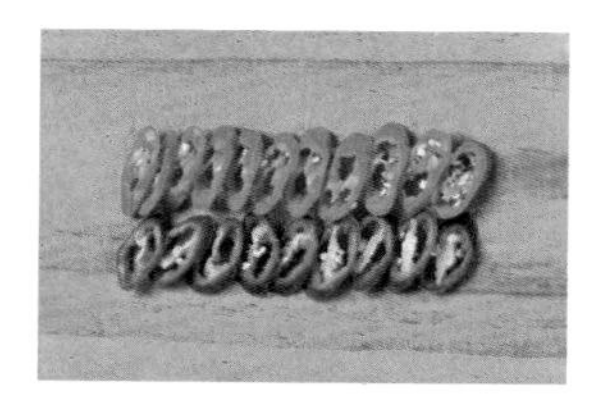

· 어슷썰기

대파, 고추 등의 재료를 사선으로 비스듬히 썰어요.

· 채 썰기

오이, 당근, 애호박 등의 채소를 일정한 굵기로 썰어 포개서 가늘게 썰어요.

· 깍둑썰기

무, 감자, 당근 등의 채소를 깍두기 모양으로 썰어요.

· 다지기

양파, 채소, 마늘 등 재료를 잘게 썰어 칼로 여러 번 다져요.

· 나박 썰기

무, 감자 등 네모꼴로 얇게 썰어요.

· 모서리 돌려 깎기

당근, 무 등을 큼직하게 썰어 테두리 부분을 둥글게 깎아요.

※ 파프리카, 피망 자르기 팁

꼭지를 떼어낸 후 밑부분 굵은 선을 기준으로 칼로 썰어 줍니다. 그런 다음 씨앗을 도려냅니다.

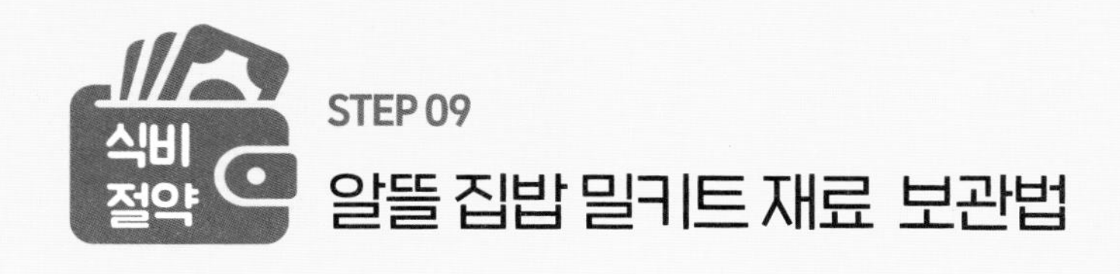

STEP 09

알뜰 집밥 밀키트 재료 보관법

모든 밀키트는 최대 7일을 기준으로 합니다. 손질과 소분을 하기 전에 미리 정해둔 식단 또는 계획해놓은 메뉴가 있다면 필요한 식재료를 알아두고 미리 썰어 손질해두어야 할 식재료가 무엇인지 파악합니다. 예를 들어 정해놓은 식단에 양파가 총 3개 필요한 경우 2개는 채 썰기용, 1개는 깍둑썰기용으로 요리에 사용하게 된다면 한 번에 필요한 만큼씩 용도에 맞게 썰어 구분해서 밀폐 용기에 보관합니다. 귀찮은 과정일 수도 있지만 몇 번 하다 보면 익숙해져서 어렵지 않게 할 수 있어요. 가장 좋은 점은 적정량을 파악해 식재료를 알뜰하게 사용할 수 있다는 것이에요.

육류, 해산물 또는 두부처럼 물기가 많은 식재료는 따로 소분합니다. 육류, 해산물은 2일 이내로 냉장 보관합니다. 그렇지 않은 경우는 7단계 방법처럼 냉동실에 넣어 보관합니다.

두부는 밀폐 용기에 생수와 소금을 약간 넣어 따로 보관해줍니다. **대파**는 일주일 치 먹을 양만큼 썰어서 따로 보관합니다. 썰어둔 대파는 밀키트에 같이 넣을 경우 섞이므로 따로 보관하는 것이 가장 편해요. **콩나물과 숙주**의 경우에도 마트에서 사 온 채로 그대로 두었다가 금방 먹지 않으면 쉽게 물러지죠. 흐르는 물에 한번 씻어낸 후 밀폐 용기에 생수와 함께 넣어 보관하면 더욱 오래 먹을 수 있어요. **무, 오이 처럼 수분이 많은 채소**는 1~2일 내에 먹을 것이라면 미리 썰어서 보관해도 좋지만, 당일 썰어 먹는 것이 가장 좋습니다. 미리 썰어두지 말고 필요한 만큼 소분해두는 것도 조리 시간을 단축하는 데 큰 도움을 줍니다.

채소는 1~2일 내로 먹는 식재료인 경우 미리 씻어서 보관하고, 2일이 지나면 흙 정도만 가볍게 털어내고 최대한 물기 없이 보관하는 것이 가장 좋습니다. 보통 밀키트는 채소가 80%를 차지해서 키친타월이나 친환경 행주를 밑에 깔아서 보관하면 더욱 오래 신선하게 보관할 수 있어요. 최대한 공기가 들어가지 않게 밀폐해줍니다.

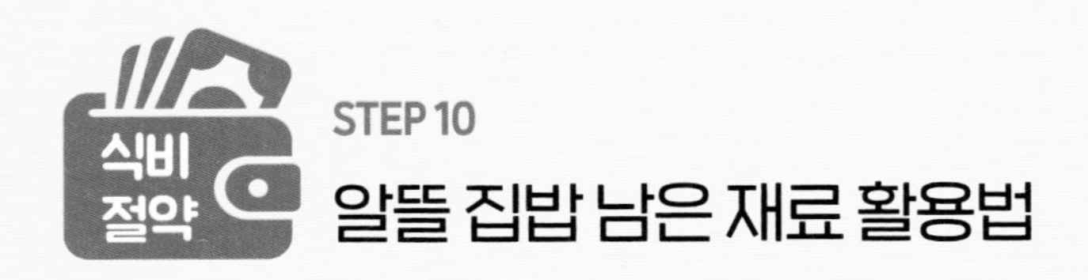

STEP 10

알뜰 집밥 남은 재료 활용법

냉장고 속 남은 재료를 알차게 활용하는 것이야말로 나만의 새로운 레시피를 탄생시키는 재미와 식비 절약의 진정한 포인트이기도 해요. 자주 사는 식재료 중 양배추, 부추, 미나리, 쌈채소, 콩나물, 숙주는 냉장고에 흔히 남아 있는 식재료입니다. 무엇을 해 먹을지 가장 큰 부류로 생각해보면 볶음용, 찌개 & 국용, 전, 샐러드, 덮밥 등이 떠오릅니다.

· **양배추** 양배추샐러드, 양배추달걀전, 양배추참치덮밥, 떡볶이
· **부추** 육류에 곁들이거나 찜으로 먹기, 부추무침, 부추전, 부추장, 부추덮밥
· **미나리** 미나리김밥, 미나리무침, 미나리전, 찌개류 또는 샤부샤부, 골뱅이무침
· **쌈채소(전·샐러드·무침)** 생무침, 데친 무침, 상추전, 채소비빔밥, 샌드위치 속 채소, 삼겹살김밥
· **콩나물, 숙주** 콩나물찌개, 숙주베이컨볶음, 숙주무침, 국수에 얹어 먹기, 어묵볶음, 비빔밥
· **자투리 채소** 달걀말이, 달걀찜, 채소찜을 만들면 영양 만점 반찬이 완성돼요.

01 채소찜

채소, 버섯 등 자투리 식재료를 활용하기에 딱 좋은 채소찜이에요. 찌기만 하면 완성되는 음식이라 간편하기도 하고, 영양소 파괴가 적어 건강식으로도 아주 훌륭해요.

방법 1) 찜기에 숙주 또는 배추를 먼저 깔고(생략해도 좋아요) 버섯, 당근, 파프리카, 브로콜리 등 원하는 채소를 올려주세요. 고기를 같이 올려 쪄 먹어도 좋아요. 뚜껑을 덮고 중간 불에서 10~15분간 익힙니다.

방법 2) 냄비에 숙주 또는 배추를 먼저 깔고(생략해도 좋아요) 파프리카, 버섯 등 채소를 올립니다. 그런 다음 물 1컵을 넣고 뚜껑을 덮어 중간 불에서 10~15분간 익힙니다.

채소달걀덮밥

자투리 채소와 달갈로 아주 간단하게 만드는 덮밥이에요.

❶ 양파, 파프리카 등 다양한 자투리 채소는 잘게 다집니다.
❷ 달걀 2개를 풀어 다진 채소와 소금 약간을 넣어 섞어주세요.
(참치 캔, 맛살을 넣어도 좋아요)
❸ 프라이팬에 기름을 두르고 중간 불에서 달걀 지단 만들 듯 부칩니다.
❹ 따뜻한 밥 위에 올려 토마토케첩, 돈가스소스를 뿌립니다.

감자애호박치즈전

남은 감자와 애호박이 있다면 겉바속촉 전을 만들어보세요!

❶ 감자 1개와 애호박 ½개는 최대한 얇게 채 썰어줍니다.
❷ 얇게 채 썬 감자, 애호박에 전분 3큰술, 소금 약간을 넣고 섞어줍니다.
❸ 프라이팬에 기름을 두르고 중간 불에서 노릇하게 부칩니다.
❹ 피자치즈를 올려서 먹어도 정말 맛있어요.

PART 01

맛있는 봄 밀키트

3만 원 일주일 집밥

간단한 레시피로 빠르고 알차게

일주일 식단 계획표

바쁜 일상에서 손쉬운 레시피로 알차게 만들어 먹을 수 있는 밀키트로 식단을 준비해봤어요. 마트에서 흔히 볼 수 있는 식재료로 구성한 밀키트예요. 그중에서 냉이는 제철인 봄에 먹어야 가장 향긋한 풍미와 풍부한 영양소를 제대로 만끽할 수 있어요.

※ 연출된 이미지로 실제와 다를 수 있습니다.

TOTAL 3만 원

밀키트 재료 준비하기

주재료	부재료	양념
☑ 두부 2모	☐ 양파 2개	☐ 고춧가루
☐ 양배추 ½통	☐ 대파 2 + ½대	☐ 진간장
☐ 베이컨 8장	☐ 청양고추 6개	☐ 다진 마늘
☐ 감자 6개	☐ 김치 ⅓포기	☐ 설탕
☐ 캔 옥수수 400g	☐ 마늘 6톨	☐ 참치액젓
☐ 피자치즈 600g	☐ 튀김가루 200g	☐ 굴소스
☐ 냉이 300g	☐ 빵가루 300g	☐ 올리고당
☐ 어묵 10장	☐ 부침가루 5큰술	☐ 맛술
☐ 달걀 10개	☐ 카레가루 4큰술	☐ 된장
☐ 밥 2 + ½공기	☐ 김밥용 김 3장	☐ 들기름
	☐ 멸치 국물 3컵(540ml)	☐ 소금
		☐ 후춧가루
		☐ 식용유
		☐ 통깨
		☐ 참기름
		☐ 고추장

30분 만에 완성

밀키트 재료 손질하기

start!

양배추

- 양배추 ½개는 4등분해 준비합니다.
- 2조각은 1일 차(양배추베이컨볶음), 7일 차(양배추달걀전)에 사용하기 위해 얇게 채 썰어줍니다.
- 나머지 2조각은 달걀볶음에 넣을 수 있게 나박 썰기 합니다.

베이컨

- 베이컨은 5장은 얇게 채 썰어줍니다.
- 나머지 3장은 잘게 다져서 보관합니다.

달걀, 어묵, 냉이

- 냉이는 깨끗이 씻어 물기를 털어줍니다.
- 어묵 10장은 얇게 채 썰어줍니다.
- 달걀 6개는 삶아줍니다.

양파

- 1개는 1cm 두께로 채 썰어줍니다.
- ½개는 0.5cm 두께로 채 썰어줍니다.
- ½개는 잘게 다집니다.

김치

- 잘게 썰어줍니다.

청양고추

• 청양고추 6개는 반으로 썰어서 씨를 제거한 후 잘게 다집니다.

마늘

• 6톨은 얇게 편 썰어줍니다.

감자

• 감자 2개는 얇게 채 썰어 물에 담가둡니다.
• 감자 4개는 삶아줍니다.

두부

• 두부조림에 사용할 두부 1 + ½모는 2cm 두께로 썰어 찬물에 담가 보관합니다.
• 두부 ½모는 된장찌개에 들어갈 크기로 깍둑 썰어 찬물에 담가 둡니다.

대파

• 대파 2 + ½대는 얇게 채 썰어 통에 담아 보관합니다.

캔 옥수수

• 밀폐 용기에 담아 보관합니다.

※ 각 과정의 이미지는 참고용으로 실제와 다를 수 있습니다. 반드시 설명을 읽고 따라 하십시오.

재료 보관

손질 재료 소분하기

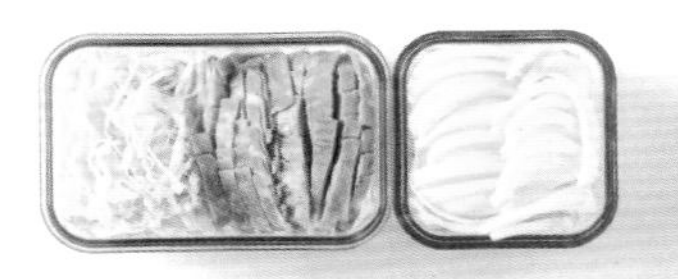

- 2cm 두께로 썬 두부 1 + ½모(공용 재료)
- 채 썬 양파 1개
- 채 썬 양배추 ¼개
- 채 썬 베이컨 5장
- 1cm 두께로 썬 대파 ½대(공용 재료)

화

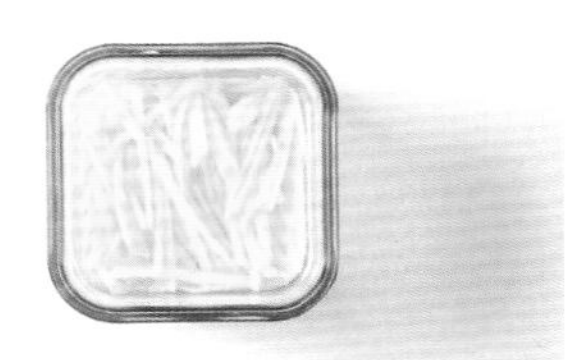

- 감자채는 찬물에 담가 밀폐 용기에 보관

- 잘게 썬 김치 ⅓포기
- 캔 옥수수 150g(공용 재료)
- 피자치즈 300g(소분 보관)
- 잘게 썬 대파 ½대(공용 재료)
- 다진 청양고추 2개

- 채 썬 양파 ½개와 편 썬 마늘 6톨(소분 보관)
- 삶은 감자 4개
- 다진 베이컨 3장과 다진 양파 ½개
- 캔 옥수수 150g(공용 재료)
- 피자치즈 300g(소분 보관)
- 잘게 썬 대파 1대(공용 재료)

※ 각 과정의 이미지는 참고용으로 실제와 다를 수 있습니다. 반드시 설명을 읽고 따라 하십시오.

금

· 씻은 냉이 300g과 얇게 채 썬 어묵 10장
· 깍둑 썬 두부 ½모(공용 재료)
· 다진 청양고추 4개
· 채 썬 대파 ½대(공용 재료)

토

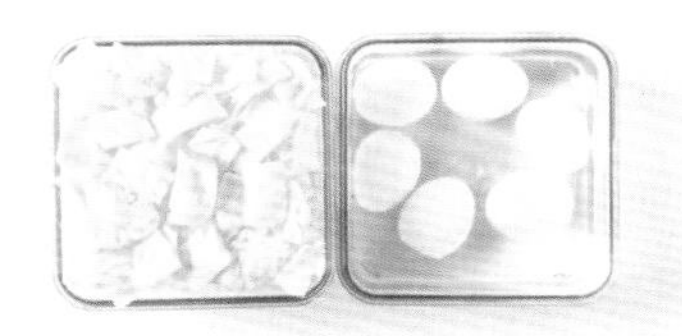

· 삶은 달걀 6개
· 나박 썬 양배추 ½개

일

· 채 썬 양배추 ¼개
· 캔 옥수수 100g(공용 재료)

공용

· 2cm 두께로 썬 두부 1 + ½모와 깍둑 썬 두부 ½모 (생수에 담가 보관)
· 얇게 채 썬 대파 2 + ½대
· 캔 옥수수 400g

매콤두부조림

20분 소요 | 난이도 하 | 냉장 5일 이내

국물이 자작한 두부조림이에요. 밥에 부드러운 두부와 얼큰한 국물을 곁들이면 간단하게 한 끼 해결할 수 있어요.

재료

- 두부 1 + ½모
- 대파 ½대
- 양파 1개
- 들기름 3큰술

양념장

- 물 1컵(180ml)
- 고춧가루 2 + ½큰술
- 참치액젓 1큰술
- 진간장 2큰술
- 다진 마늘 1큰술
- 설탕 ½큰술

❶ 두부는 2cm 두께로 썰어줍니다.

❷ 양파와 대파는 1cm 두께로 채 썰어줍니다.

❸ 냄비에 양파-두부-대파 순서로 깔아줍니다.

❹ 분량의 재료로 만든 양념장을 모두 부어줍니다.

❺ 중간 불에서 10분간 끓입니다.

❻ 들기름 3큰술을 두르고 5분간 더 끓여 완성합니다.

NOTE 들기름을 넣으면 고소한 맛을 낼 수 있어요.

양배추베이컨볶음

10분 소요 | 난이도 하 | 냉장 5일 이내

양배추는 반찬을 뚝딱 만들어낼 수 있는 유용한 식재료예요. 베이컨과 함께 볶으면 담백하고 짭조름한 반찬이 완성됩니다.

재료

- 채 썬 양배추 ¼개
- 베이컨 5장
- 식용유 약간

양념

- 다진 마늘 1큰술
- 소금 약간
- 후춧가루 약간

❶ 프라이팬에 기름을 두르고 중간 불로 가열합니다.

❷ 중간 불에서 채 썬 베이컨과 다진 마늘을 2분간 볶습니다.

❸ 채 썬 양배추를 넣고 5분간 볶습니다.

❹ 소금, 후춧가루로 취향껏 간을 맞춥니다.

❺ 1분간 더 볶아 완성합니다.

감자채전

15분 소요 | 난이도 하 | 냉장 3일 이내

강판에 갈아서 부쳐 먹는 부드러운 감자전도 맛있지만 얇게 채 썰어 부쳐 먹는 감자전은 또 다른 매력이 있어요. 간식, 맥주 안주로 먹기에도 좋죠.

재료

- 감자 2개
- 달걀 1개
- 부침가루 2큰술
- 식용유 약간

양념

- 소금 ½큰술
- 후춧가루 약간

❶ 감자 2개는 얇게 채 썰어줍니다.

❷ 찬물에 10분 정도 담가 전분 기를 빼줍니다.

❸ 흐르는 물에 가볍게 헹궈서 물기를 털어줍니다.

❹ 채 썬 감자에 부침가루, 소금, 후춧가루를 넣고 골고루 섞습니다.

❺ 프라이팬에 기름을 두르고 충분히 달궈지면 감자채를 올립니다.

❻ 가운데는 비워둡니다.

❼ 밑면이 완전히 익으면 뒤집어줍니다.

❽ 가운데에 달걀 1개를 깨 넣습니다.

❾ 중약불에서 5분 정도 부쳐 완성합니다.

NOTE 감자는 최대한 얇게 써는 것이 좋아요.

김치옥수수치즈뚝배기밥

15분 소요 | 난이도 하 | 냉장 5일 이내

요리하기 귀찮은 날에 만들기 좋은 간단한 요리예요. 김치를 볶지 않고 냄비에 재료를 모두 넣고 익히면 맛있는 뚝배기밥을 먹을 수 있어요.

재료

- 김치 ⅓포기
- 캔옥수수 150g
- 피자치즈 300g
- 대파 ½대
- 찬밥 1공기
- 청양고추 2개
- 식용유 2큰술

❶ 프라이팬에 기름을 두르고 잘게 썬 대파를 5분간 볶습니다.

❷ ①의 대파 기름에 잘게 썬 김치를 넣고 3분간 볶습니다.

❸ 뚝배기에 찬밥-볶은 김치-옥수수-피자치즈 순서로 올려서 약한 불에서 뚜껑을 덮고 10분간 데워줍니다.

❹ 완성되면 위에 잘게 다진 청양고추를 올립니다.

NOTE 체더치즈를 1장 더 올리면 맛을 한층 업그레이드할 수 있어요.

카레라이스

15분 소요 | 난이도 하 | 냉장 7일 이내

남녀노소 누구나 좋아하는 카레라이스. 감자크로켓까지 올리면 든든한 한 그릇 요리가 완성됩니다.

재료

- 카레가루 4큰술
- 물 2컵(360ml)
- 대파 1대
- 양파 ½개
- 마늘 6톨
- 식용유 2큰술

❶ 팬에 식용유를 두르고 채 썬 대파와 양파, 편으로 썬 마늘을 5분간 볶습니다.

❷ 물 2컵을 넣습니다.

❸ 물이 끓으면 카레가루를 넣습니다.

❹ 중간 불에서 5분간 끓이며 눌어붙지 않게 저어줍니다.

NOTE 취향에 따라 채소 또는 고기를 넣어도 좋아요.

감자크로켓

30분 소요 | 난이도 하 | 냉장 7일 이내

밥반찬으로도 좋고, 간식으로도 아주 훌륭한 튀김이에요.

재료

- 감자 4개
- 베이컨 3장
- 캔 옥수수 150g
- 양파 ½개
- 피자치즈 300g
- 달걀 2개
- 식용유 1L
- 튀김가루 200g
- 빵가루 300g

양념

- 소금 ½큰술
- 후춧가루 약간

❶ 감자는 찜기에서 30분간 찐 후 곱게 으깹니다.

❷ 양파와 베이컨을 잘게 다져줍니다.

❸ 캔 옥수수는 체에 밭쳐 물기를 제거합니다.

❹ 팬에 식용유를 두르고 ②의 양파, 베이컨을 5분간 볶습니다.

❺ 소금, 후춧가루로 간합니다.

❻ ①의 으깬 감자에 볶은 양파, 베이컨과 옥수수, 피자치즈를 넣고 섞습니다. 섞은 후 먹기 좋은 크기로 예쁘게 굴려가며 모양을 만들어줍니다.

❼ 튀김가루-달걀물-빵가루 순서로 묻혀줍니다.

❽ 식용유를 예열한 뒤 빵가루를 약간 넣었을 때 바로 떠오르면 크로켓을 넣고 3분간 튀깁니다.

NOTE · 각 재료의 수분을 최소화해 반죽이 질어지지 않게 합니다. 감자는 찜기에 찌는 것이 가장 좋아요. · 한번 튀긴 크로켓은 냉동 보관한 뒤 에어프라이어에 구워 먹으면 따끈하게 즐길 수 있어요.

매콤어묵김밥

30분 소요 | 난이도 중 | 냉장 5일 이내

매콤하게 볶은 어묵으로 김밥을 만들어보세요. 평소 먹던 것과 맛이 다른 별미가 탄생합니다. 부드럽고 향긋한 냉이된장국과 함께 먹으면 든든하게 한 끼를 즐길 수 있어요.

재료

- 어묵 10장
- 청양고추 4개
- 김밥용 김 3장
- 밥 1 + ½공기
- 식용유 3큰술

양념

- 어묵볶음소스:
진간장 2큰술, 참치액젓 1큰술, 다진마늘1큰술, 설탕1큰술, 고춧가루 3큰술, 굴소스 ½큰술
- 김밥 양념:
통깨 2큰술,소금 ½큰술, 참기름 3큰술

❶ 어묵은 얇게 채 썰어줍니다.

❷ 프라이팬에 식용유를 두르고 어묵을 넣어 중간 불에서 3분간 볶습니다.

❸ 불을 끄고 분량의 재료로 만든 어묵볶음소스를 넣어 볶습니다.

❹ 잘게 다진 청양고추를 넣고 한번 더 볶습니다.

❺ 쌀밥에 참기름, 통깨, 소금을 넣어 양념을 해줍니다.

❻ 김밥용 김 위에 ⑤의 밥을 얇게 펴줍니다.

❼ 어묵을 듬뿍 올립니다.

❽ 돌돌 말아줍니다.

냉이된장국 15분 소요 | 난이도 하 | 냉장 5일 이내

향긋한 냉이는 된장국으로 끓여 먹으면 구수하면서도 부드러운 식감이 두드러져요. 김밥이랑 잘 어울리는 찰떡 조합이랄까요.

재료

- 냉이 300g
- 두부 ½모
- 대파 ½대

양념

- 멸치 국물 3컵(540ml)
- 된장 2큰술

❶ 냉이는 흐르는 물에 깨끗이 씻습니다.

❷ 씻은 냉이를 3등분합니다.

❸ 멸치 국물을 준비합니다.

❹ 멸치 국물 3컵에 된장 2큰술을 풀어줍니다.

❺ ④에 냉이, 깍둑 썬 두부를 넣은 다음 대파를 0.5cm 두께로 썰어 넣고 중간 불에서 10분간 끓입니다.

NOTE 냉이는 흙이 많이 묻어 있으니 흐르는 물에 꼼꼼히 씻어주세요.

매콤달콤달걀볶음

30분 소요 | 난이도 하 | 냉장 5일 이내

매콤달콤한 분식이 당기는 날 달걀과 양배추로 간단히 만들어 밥에 비벼 먹기 좋은 달걀볶음이에요.

재료

- 달걀 6개
- 채 썬 양배추 ½개
- 참기름 약간
- 물 1 + ½컵

양념장

- 고추장 3큰술
- 고춧가루 2큰술
- 간장 1큰술
- 다진 마늘 ½큰술
- 설탕 1큰술
- 올리고당 1큰술
- 맛술 1큰술
- 후춧가루 약간

❶ 냄비에 달걀과 소금 1큰술, 식초 2큰술을 넣고 15분간 삶습니다.

❷ 삶은 달걀은 찬물에 담가 식힌 후 껍질을 까서 준비합니다.

❸ 양배추는 나박 썰기 합니다.

❹ 냄비에 물 1 + ½컵, 삶은 달걀, 분량의 재료로 만든 양념장을 넣고 5분간 끓입니다.

❺ 양배추를 넣어 숨이 죽을 때까지 볶습니다.

❻ 참기름을 두르고 살짝 볶아 완성합니다.

NOTE
· 양배추의 양에 따라 고추장과 고춧가루 양을 조절하세요.
· 달걀을 삶을 때 소금과 식초를 넣으면 삶는 도중에 껍질이 깨지는 것을 방지하고, 껍질을 쉽게 깔 수 있도록 해줘요.

양배추달걀전 20분 소요 | 난이도 하 | 냉장 6일 이내

간단한 아침 메뉴나 다이어트 식단으로 좋은 양배추달걀전이에요. 식감이 아삭한 양배추는 불에 익히면 부드럽고 달큼한 맛이 매력적인 식재료죠.

재료

- 채 썬 양배추 ¼개
- 캔 옥수수 100g
- 달걀 1개
- 부침가루 3큰술
- 식용유 5큰술
- 물 ⅓컵

양념

- 소금 ⅓큰술
- 후춧가루 약간

❶ 양배추는 얇게 채 썰어줍니다.

❷ 채 썬 양배추에 캔 옥수수를 넣습니다.

❸ ②에 부침가루 3큰술, 물 ⅓컵, 소금·후춧가루 약간을 넣고 섞습니다.

❹ 프라이팬에 식용유를 두르고 중간 불에서 달궈줍니다.

❺ 반죽을 올리고 가운데에 달걀을 깨 올립니다.

❻ 중간 불에서 앞뒤로 노릇하게 굽습니다.

NOTE 양배추는 최대한 얇게 채 썰면 전 부치기가 수월해져요. 두껍게 썰었을 경우 물에 담아 소금 ½큰술을 넣고 10분 이상 절인 후 사용하면 좋아요.

3만원 일주일 집밥

봄 향기가 느껴지는 봄나물 집밥

일주일 식단 계획표

봄에는 마트 가는 게 참 재미있어요. 봄 제철 나물이 마트 진열대에 종류별로 펼쳐져 있어 구경하는 재미가 쏠쏠하거든요. 1000~5000원에 푸짐하게 살 수 있는 나물이 정말 많아요. 그만큼 봄나물로 만들 수 있는 집밥 메뉴가 다양하죠. 이번 주 식단은 여러 봄나물을 활용해봤어요. 제철 나물은 비타민 등 영양소가 풍부해서 건강 챙기기에도 딱 좋아요.

※ 연출된 이미지로 실제와 다를 수 있습니다.

TOTAL 3만 원

밀키트 재료 준비하기

주재료	부재료	양념
✔ 잡채용 소고기 등심 300g	대파 5대	맛술
냉면 육수 2봉	양파 2개	진간장
세발나물 300g	김치 ¼포기	설탕
가지 5개	청양고추 7개	고춧가루
콩나물 600g	김칫국물 ½컵	매실액
달래 50g	부침가루 1컵(180ml)	참기름
오이 2 + ½개	멸치 국물 3컵(540ml)	굴소스
참치 캔 2개	전분 2큰술 + ½컵	참치액젓
납작 당면 150g		올리고당
어묵 7장		식초
순두부 1봉		식용유
소면 2인분		소금
달걀 3개		유자청
돈나물 300g		다진 마늘
쌀 2컵		된장
밥 1 + ½공기		마요네즈
		춘장
		통깨
		고추장

60분 만에 완성

밀키트 재료 손질하기

start!

잡채용 등심(짜장소스 2일 치 만들기)

• 프라이팬에 식용유 4큰술을 두르고 대파 2대와 사각 썰기 한 양파 1개를 넣고 중간 불에서 5분간 볶습니다.
• 잘게 썬 잡채용 등심을 넣고 5분간 볶습니다.
• 춘장 5큰술, 굴소스 2큰술, 설탕 2큰술, 다진 마늘 1큰술을 넣고 중간 불에서 5분간 볶아줍니다.
• 완성한 짜장소스는 밀폐 용기에 담아 1일 차, 4일 차에 반씩 나누어 사용합니다.

오이

• 오이 2 + ½개는 깨끗이 씻어 준비합니다(미리 채 썰어두면 오이의 식감이 달라지니 그대로 보관하는 것이 가장 좋습니다).

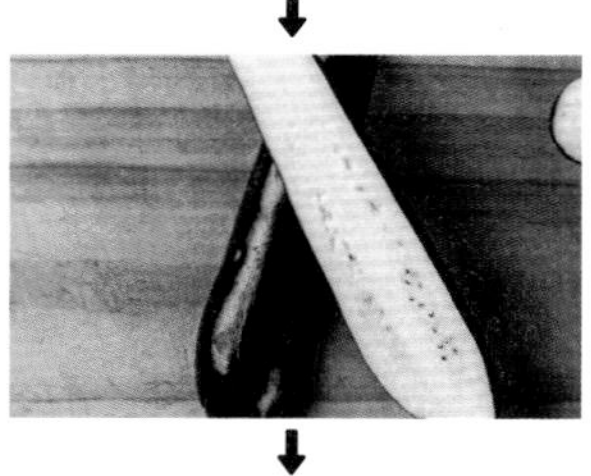

가지

• 가지 3개는 세로로 4등분하고, 3cm 두께로 썰어줍니다.
• 나머지 2개는 길게 2등분해 보관합니다.

달래양념장

• 달래는 깨끗이 씻어 잘게 썰어줍니다.
• 대파 ½대를 잘게 다집니다.
• 볼에 진간장 4큰술, 설탕 1큰술, 고춧가루 1큰술, 다진 마늘 ½큰술, 매실액 ½큰술, 참기름 2큰술, 잘게 다진 대파, 통깨 약간을 넣고 양념장을 만듭니다.
• 위의 양념장에 달래를 넣고 섞습니다.

세발나물, 돈나물

- 세발나물은 깨끗이 씻어 물기를 턴 후 3등분합니다.
- 돈나물은 깨끗이 씻어 물기를 털어줍니다.

↓

양파

- ½개는 0.5cm 두께로 얇게 채 썰어줍니다.
- ½개는 잘게 다집니다.

↓

어묵

- 어묵탕에 넣을 어묵 3장은 원하는 크기로 썰어서 보관합니다.
- 나머지 4장은 0.5cm 두께로 채 썰어서 보관합니다.

↓

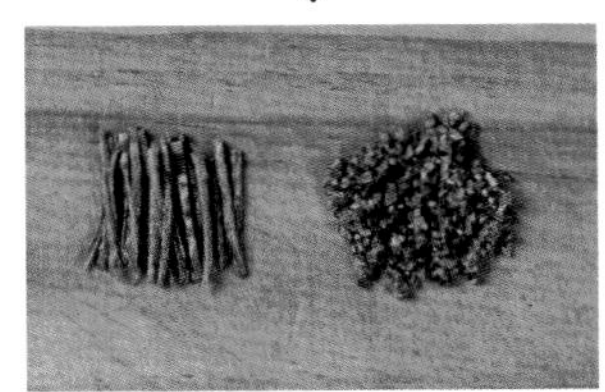

청양고추

- 청양고추 5개는 반으로 썰어 씨를 제거하고 잘게 다집니다.
- 2개는 0.5cm 두께로 채 썰어줍니다.

공용

콩나물

- 깨끗이 헹궈 밀폐 용기에 생수와 함께 보관합니다.

대파

- 대파 4 + ½대는 1cm 두께로 썰어 통에 넣어둡니다.

※ 각 과정의 이미지는 참고용으로 실제와 다를 수 있습니다. 반드시 설명을 읽고 따라 하십시오.

재료 보관

손질 재료 소분하기

월

· 짜장소스(밀키트 레시피 참조) 5큰술(소분 보관)
· 0.5cm 두께로 채 썬 양파 ½개
· 세발나물 100g

화

· 길게 4등분해 3cm 길이로 썰어놓은 가지 3개
· 1cm 두께로 썬 대파 1대(공용 재료)
· 콩나물 300g(공용 재료)
· 달래양념장(밀키트 레시피 참조)

수

· 깨끗이 씻은 오이 2개
· 참치 캔 1개
· 잘게 다진 양파 ½개

목

· 납작 당면 150g
· 0.5cm 두께로 썬 어묵 4장
· 잘게 다진 청양고추 3개와 1cm 두께로 썬 대파 ½대
· 순두부 1봉
· 짜장소스(밀키트 레시피 참조) 5큰술(소분 보관)

※ 각 과정의 이미지는 참고용으로 실제와 다를 수 있습니다. 반드시 설명을 읽고 따라 하십시오.

금

· 길게 2등분한 가지 2개
· 잘게 다진 청양고추 2개와 1cm 두께로 썬 대파 ½대 (공용 재료)
· 돈나물 300g
· 참치 캔 1개

토

· 콩나물 300g(공용 재료)
· 자유롭게 썰어놓은 어묵 3장
· 0.5cm 두께로 썬 청양고추 2개
· 1cm 두께로 썬 대파 ½대(공용 재료)

일

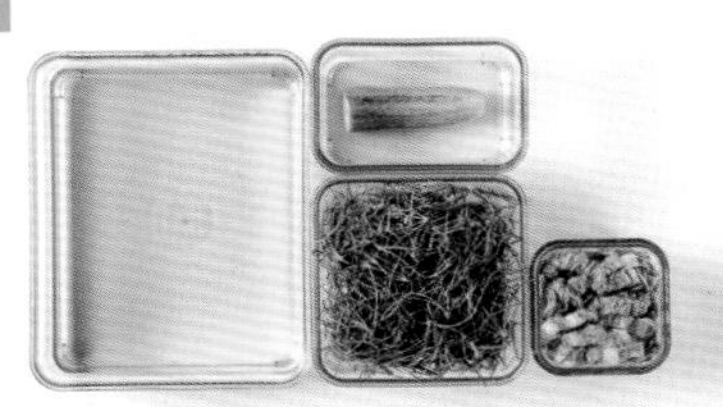

· 세발나물 200g
· 냉면 육수 2봉
· 깨끗이 씻은 오이 ½개
· 썰어놓은 김치 ¼포기

공용

· 콩나물 600g(생수에 담가 보관)
· 1cm 두께로 썬 대파 4 + ½대

짜장밥 15분 소요 | 난이도 중 | 냉장 5일 이내

집에서 짜장소스를 만들면 원하는 재료를 마음껏 넣고 내 스타일대로 만들어 진하고 맛있게 먹을 수 있어요. 만들기도 쉬워서 짜장소스만 있다면 당면, 덮밥, 떡볶이 등 다양하게 요리할 수 있어요.

재료

- 짜장소스 5큰술
(밀키트 레시피 참조)
- 물 2컵(360ml)
- 밥 1공기

양념

- 전분물 5큰술
(전분 2큰술 + 물 70ml)
- 맛술 5큰술
- 다진 마늘 1큰술

❶ 프라이팬에 짜장소스 5큰술, 맛술 5큰술, 다진 마늘 1큰술을 넣고 중간 불에서 5분간 볶습니다.

❷ 물 2컵을 넣고 펄펄 끓기 시작하면 전분물을 5큰술 넣고 저어가며 5분간 끓입니다.

❸ 따뜻한 밥 위에 소스를 얹어 냅니다.

세발나물유자샐러드

10분 소요 | 난이도 하 | 냉장 5일 이내

봄에 잠깐 나오는 귀한 세발나물은 꼭 먹어야 해요. 비타민을 다량 함유해 건강에도 아주 좋죠. 간단히 샐러드처럼 무치면 신선한 반찬으로 먹을 수 있어요.

재료

- 세발나물 100g
- 양파 ½개
- 통깨 1큰술

유자소스

- 유자청 2큰술
- 올리브 오일 3큰술
- 소금 ⅓큰술

❶ 세발나물은 먹기 좋게 3등분합니다.

❷ 양파는 0.5cm 두께로 채 썰어줍니다.

❸ 분량의 재료로 유자소스를 만듭니다.

❹ 세발나물과 양파에 유자소스를 넣고 버무립니다.

❺ 통깨를 뿌려 완성합니다.

NOTE 소스는 어떤 샐러드소스든 좋아요.

가지콩나물밥 + 달래양념장

15분 소요 | 난이도 하 | 냉장 5일 이내

손쉽게 영양을 가득 채울 수 있는 한 그릇 요리예요. 부드럽고 담백한 가지콩나물밥에 향긋한 달래양념장을 얹으면 봄을 그대로 만끽할 수 있는 한 그릇 요리가 완성되죠.

재료

- 가지 3개
- 콩나물 300g
- 대파 1대
- 불린 쌀 2컵(360ml)
- 식용유 2큰술
- 달래양념장
(밀키트 레시피 참조)

양념

- 진간장 2큰술

❶ 가지는 세로로 길게 4등분한 뒤 3cm 두께로 썰어줍니다.
❷ 콩나물은 깨끗이 씻어 준비합니다.
❸ 1cm 두께로 썬 대파를 식용유에 볶습니다.
❹ 볶은 대파에 가지와 진간장 2큰술을 넣고 3분간 볶습니다.
❺ 밥솥에 불린 쌀을 넣고 원래 물 양의 90% 정도만 물을 채웁니다.
❻ 볶은 가지와 콩나물을 올린 뒤 밥을 짓습니다.
❼ 가지콩나물밥에 달래양념장을 올립니다.

오이참치초밥 20분 소요 | 난이도 중 | 냉장 5일 이내

오이를 얇게 썰어 부드러운 참치소스를 곁들이면 아삭하고 든든한 핑거 푸드 같은 초밥을 만들 수 있어요. 봄 소풍 도시락으로도 훌륭한 메뉴예요.

재료

- 오이 2개
- 참치 캔 1개
- 양파 ½개
- 통깨 1큰술
- 마요네즈 3큰술
- 밥 1 + ½공기

배합초

- 식초 3큰술
- 설탕 1큰술
- 소금 ⅓큰술

❶ 오이는 끝부분을 제거하고 채칼로 얇게 슬라이스합니다.

❷ 양파 ½개는 잘게 다집니다.

❸ 참치, 다진 양파, 마요네즈를 섞습니다.

❹ 분량의 재료로 배합초를 만들어 전자레인지에 30초 돌립니다.

❺ 따뜻한 밥 1 + ½공기에 통깨, 배합초를 넣고 섞습니다.

❻ 얇게 썬 오이 1장에 한입 크기로 밥을 올려 돌돌 말아줍니다.

❼ 초밥 위에 ③을 적당히 올립니다.

NOTE · 오이는 최대한 얇게 썰어야 쉽고 예쁘게 말 수 있어요.

짜장당면어묵볶음

15분 소요 | 난이도 하 | 냉장 7일 이내

짜장소스를 면이나 밥에만 올려서 먹는 요리가 지겹다면 이번에는 당면과 함께 진한 짜장당면 요리를 만들어보는 것을 추천합니다. 어떤 재료를 넣어도 잘 어울리면서 맛있는 짜장당면 요리를 즐겨보세요.

재료

- 짜장소스 5큰술 (밀키트 레시피 참조)
- 납작 당면 150g
- 어묵 4장
- 청양고추 3개
- 물 2컵(360ml)
- 통깨 1큰술
- 고추장 2큰술

❶ 당면은 미지근한 물에 1시간 이상 담가 준비합니다.

❷ 청양고추 3개는 잘게 다집니다.

❸ 어묵은 0.5cm 두께로 얇게 채 썰어줍니다.

❹ 짜장소스 5큰술, 고추장 2큰술, 물 2컵을 넣고 끓입니다.

❺ 불린 당면과 어묵을 넣습니다.

❻ 중간 불에서 5분간 끓이다 소스가 반으로 졸아들면 접시에 담습니다.

❼ 통깨와 잘게 썬 청양고추를 올립니다.

NOTE 당면은 미리 미지근한 물에 1시간 이상 담가 보관하면 조리 시 빠르게 익혀 먹을 수 있어요.

순두부달걀국

10분 소요 | 난이도 하 | 냉장 7일 이내

순두부와 달걀, 두 식재료만 봐도 부들부들 속이 따뜻해지는 느낌이 들어요. 진한 짜장소스와 함께 먹으면 참 잘 어울려요.

재료

- 순두부 1봉
- 대파 ½대
- 달걀 2개
- 물 1 + ½컵(270ml)

양념

- 참치액젓 2큰술

❶ 달걀, 참치액젓, 물을 넣고 달걀물을 만들어줍니다.

❷ 순두부는 봉지째 반으로 썰어줍니다.

❸ 냄비에 순두부를 하나씩 빼서 넣습니다.

❹ ①의 달걀물을 모두 붓습니다.

❺ 끓어오르기 시작하면 순두부를 수저로 으깹니다.

❻ 1cm 두께로 썬 대파를 썰어 넣고 5분간 더 끓여 완성합니다.

가지된장구이

20분 소요 | 난이도 중 | 냉장 5일 이내

가지에 대한 편견을 깨주는 요리예요. 가지는 무침뿐 아니라 튀김부터 구이까지 다양하고 맛있게 먹을 수 있는 식재료예요. 된장소스에 구우면 근사한 가지 요리를 만들 수 있어요.

재료

- 가지 2개
- 청양고추 2개
- 대파 ½대
- 식용유 4큰술
- 통깨 1큰술

된장소스

- 된장 1큰술
- 올리고당 2큰술
- 맛술 2큰술
- 참기름 1큰술
- 다진 마늘 ½큰술

❶ 가지는 길게 2등분합니다.

❷ ①에 벌집 모양으로 칼집을 냅니다.

❸ 분량의 재료로 된장소스를 만듭니다.

❹ 팬에 식용유를 두르고 중간 불에서 달굽니다.

❺ 가지 안쪽 면부터 중간 불에서 노릇하게 굽습니다.

❻ ⑤의 안쪽 면에 된장소스를 발라줍니다.

❼ 약한 불에서 앞뒤로 1분간 굽습니다.

❽ 접시에 올려 잘게 썬 청양고추, 1cm 두께로 썬 대파를 올립니다.

❾ 통깨를 뿌려 마무리합니다.

NOTE 된장소스에 잘게 다진 양파를 넣으면 아삭한 식감이 맛있어요.

돈나물참치비빔밥

15분 소요 | 난이도 하 | 냉장 5일 이내

돈나물은 삶거나 데치지 않고 생으로 먹어도 맛있는 봄나물이에요. 싱싱한 돈나물에 참치까지 넣으면 든든하고 산뜻한 비빔밥을 먹을 수 있어요.

재료

- 돈나물 300g
- 참치 캔 1개
- 밥 1공기

고추장양념

- 고추장 2큰술
- 고춧가루 ½큰술
- 매실액 1큰술
- 다진 마늘 ½큰술
- 설탕 ½큰술
- 참기름 2큰술
- 통깨 1큰술

❶ 돈나물은 깨끗이 씻어 물기를 털어줍니다.

❷ 분량의 재료로 고추장양념을 만듭니다.

❸ 그릇에 따뜻한 밥을 넣고 참치, 돈나물, 고추장양념을 올려 완성합니다.

NOTE 고추장양념 대신 간단히 초장을 넣어 비벼 먹어도 새콤달콤 맛있어요.

콩나물어묵탕 10분 소요 | 난이도 하 | 냉장 5일 이내

식사 준비를 하는데 급하게 국이 필요할 때 이만한 메뉴가 없는 것 같아요. 재료를 몽땅 넣고 끓여주기만 하면 시원한 국이 완성돼요.

재료

- 콩나물 300g
- 대파 ½대
- 청양고추 2개
- 어묵 3장
- 멸치 국물 3컵(540ml)

양념

- 참치액젓 3큰술
(또는 국간장, 연두)

❶ 대파는 1cm 두께로 썰어줍니다.
❷ 청양고추는 0.5cm 두께로 어슷썰기 합니다.
❸ 어묵은 먹기 좋은 크기로 썰어줍니다.
❹ 콩나물은 깨끗이 씻어 준비합니다.
❺ 냄비에 멸치 국물 3컵을 넣고 끓입니다.
❻ 국물이 끓으면 콩나물을 넣고 뚜껑을 연 뒤 3분간 끓입니다.
❼ 어묵과 대파, 청양고추, 참치액젓을 넣고 5분간 끓입니다.

NOTE 매콤하게 먹고 싶다면 고춧가루 2큰술을 넣어주세요.

김치말이국수

20분 소요 | 난이도 하 | 냉장 6일 이내

식당에서 조그마한 그릇에 딸려 나오는 김치말이국수를 먹어본 적 있나요? 양이 적어서 아쉽기도 하죠. 집에서 손쉬운 조리법으로 김치의 감칠맛과 함께 속이 뻥 뚫리는 시원 칼칼한 국수를 즐겨보세요.

재료

- 소면 2인분
- 김치 ¼포기
- 냉면 육수 2봉
- 오이 ½개
- 김칫국물 ½컵(90ml)
- 삶은 달걀 1개
- 통깨 1큰술

양념

- 설탕 ½큰술
- 통깨 1큰술
- 참기름 2큰술

❶ 소면은 끓는 물에 넣어 3분 30초간 삶아 찬물에 헹굽니다.

❷ 김치는 잘게 썰어 설탕, 통깨, 참기름을 넣어 양념합니다.

❸ 오이는 얇게 채 썰어줍니다.

❹ 냉면 육수에 김칫국물을 체에 걸러서 섞어줍니다.

❺ 그릇에 소면과 ④를 넣고 양념한 김치, 채 썬 오이, 삶은 달걀과 얼음을 올립니다.

❻ 통깨를 뿌려 마무리합니다.

NOTE 냉면 육수는 냉동실에 얼려서 조리하기 1시간 전에 미리 꺼내두면 살얼음이 동동 뜬 육수를 즐길 수 있어요.

세발나물전

20분 소요 | 난이도 하 | 냉장 6일 이내

면 요리 먹을 때 없으면 아쉬운 전! 세발나물은 샐러드 또는 무침으로 주로 해 먹곤 하죠. 간단하게 부쳐도 정말 맛있어요.

재료

- 세발나물 200g
- 부침가루 1컵(180ml)
- 전분 ½컵(90ml)
- 물 1컵(180ml)
- 식용유 ½컵(90ml)

양념장

- 간장 4큰술
- 식초 1 + ½큰술
- 통깨 ½큰술

❶ 부침가루, 전분, 물을 넣어 반죽물을 만듭니다.

❷ 세발나물은 3등분합니다.

❸ ①에 손질한 세발나물을 넣고 버무립니다.

❹ 팬에 식용유를 두르고 중간 불로 달굽니다.

❺ 세발나물 반죽을 팬에 덜어 얇게 펴줍니다.

❻ 밑면이 익으면 뒤집어서 노릇하게 구워냅니다.

❼ 분량의 재료로 양념장을 만들어 찍어 드세요.

NOTE 바삭한 전을 만들기 위해서는 미지근한 물보다 찬물을 넣고 얇게 펴서 기름을 넉넉히 둘러 부치는 것이 좋아요.

5만 원 일주일 집밥

든든한 밀키트

대패 삼겹살을 이리저리 활용한

일주일 식단 계획표

이번 주는 대패 삼겹살을 다양하게 활용해 맛있고 든든하게 먹을 수 있는 식단으로 준비해봤어요. 대패 삼겹살은 창고형 마트에서 2~3kg 대용량으로 구매하면 훨씬 저렴해요. 온라인 마켓을 이용해도 좋아요. 저렴하고 쉽게 구매할 수 있는 숙주도 다양하게 활용해봤어요. 간단하지만 근사하게 차려 먹어보세요.

※ 연출된 이미지로 실제와 다를 수 있습니다.

TOTAL 5만 원

밀키트 재료 준비하기

주재료	부재료	양념
✓ 달걀 7개	대파 7 + ½대	굴소스
숙주 500g	양파 2 + ½개	진간장
콩나물 400g	홍고추 1개	설탕
대패 삼겹살 1.4kg	청양고추 5개	토마토케첩
당면 160g	멸치 국물 팩 1개	다진 마늘
부추 ½단(340g)	쌀뜨물 4컵	맛술
두부 1모		올리고당
팽이버섯 1봉		고춧가루
냉동 새우 10마리		고추장
소면 2인분		된장
애호박 2개		소금
알배추 1통		후춧가루
찌개용 돼지고기 300g		식초
밥 1공기		연겨자
찬밥 1공기		참기름
		새우젓
		마요네즈
		통깨
		식용유

30분 만에 완성

밀키트 재료 손질하기

start!

애호박

• 애호박 2개는 0.4cm 두께로 얇게 채 썰어줍니다.

알배추

• 알배추는 반으로 잘라 각각 4cm 길이로 썰어줍니다.

부추

• 부추는 깨끗이 씻어 6cm 정도 길이로 썰어줍니다.

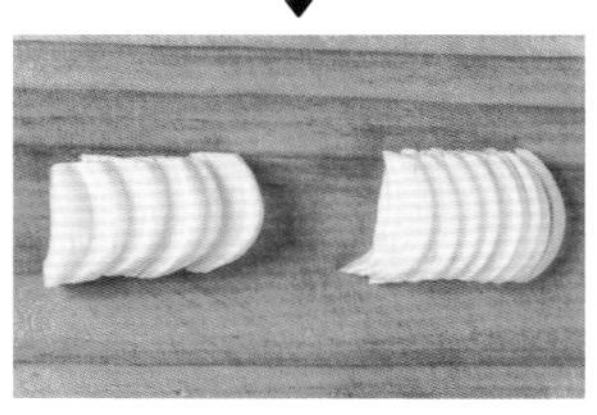

양파

• 양파는 모두 0.5cm 두께로 썰어줍니다.

청양고추

• 1개는 0.4cm, 2개는 0.5cm로 어슷썰기 하고 2개는 0.3cm 두께로 썰어줍니다.

찌개용 돼지고기

- 찌개용 돼지고기 300g을 밀폐 용기에 담아 냉동 보관합니다.

콩나물, 숙주

- 깨끗이 헹궈 밀폐 용기에 넣고 생수에 담가 보관합니다.

대패 삼겹살

- 대패 삼겹살은 300g, 600g, 500g으로 소분해 냉동 보관합니다.

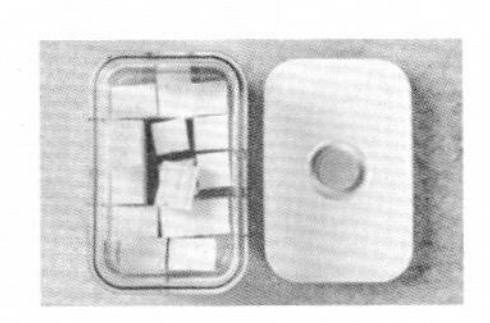

두부

- 두부 1모는 사각 썰기 한 뒤 생수에 담가 보관합니다.

대파

- 대파 3대는 얇게 채 썰어 통에 담아둡니다.
- 대파 2대는 3cm 길이로 썰어줍니다.
- 대파 ½대는 0.3cm 두께로, 2대는 0.5cm 두께로 썰어줍니다.

※ 각 과정의 이미지는 참고용으로 실제와 다를 수 있습니다. 반드시 설명을 읽고 따라 하십시오.

재료 보관

3 손질 재료 소분하기

· 대패 삼겹살 300g(냉동 보관 / 공용 재료)
· 숙주 200g(공용 재료)
· 채 썬 대파 1대(공용 재료)

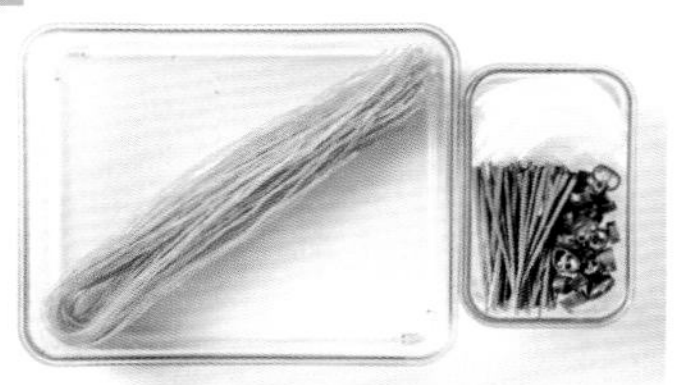

· 콩나물 200g(공용 재료)
· 얇게 채 썬 양파 ½개
· 6cm 길이로 썬 부추 70g
· 물에 불려놓은 당면 100g
· 0.3cm 두께로 썬 대파 ½대(공용 재료)와 청양고추 2개

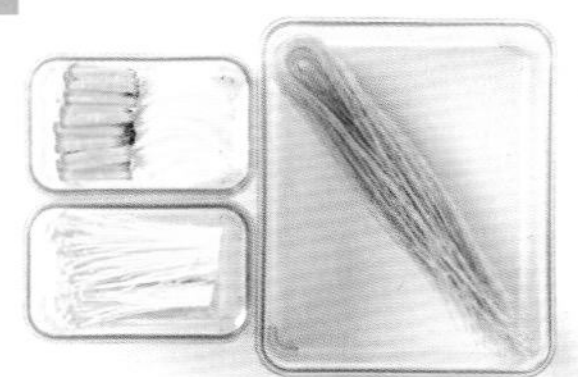

· 두부 ½모(공용 재료)
· 팽이버섯 1봉
· 얇게 채 썬 양파 ½개와 채 썬 애호박 1개
· 대파 1대(공용 재료)
· 당면 60g(1줌)

· 4cm 길이로 썬 대패 삼겹살 600g(냉동 보관 / 공용 재료)
· 알배추 ½통과 6cm 길이로 썬 부추 200g
· 숙주 200g(공용 재료)

※ 각 과정의 이미지는 참고용으로 실제와 다를 수 있습니다. 반드시 설명을 읽고 따라 하십시오.

금

· 찌개용 돼지고기 300g(냉동 보관)
· 채 썬 애호박 1개
· 채 썬 양파 ½개
· 0.5cm 두께로 어슷 썬 청양고추 2개
· 6cm 길이로 썬 부추 70g
· 0.5cm 두께로 썬 대파 1대(공용 재료)

토

· 냉동 새우 10마리(냉동 보관) · 숙주 100g(공용 재료)
· 두부 ½모(공용 재료)
· 4cm 길이로 썬 알배추 ½통과 0.4cm 두께로 어슷 썬 청양고추 1개, 홍고추 1개
· 0.5cm 두께로 썬 대파 1대(공용 재료)
· 채 썬 대파 1대(공용 재료)

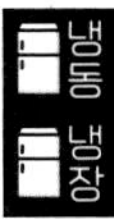

일

· 대패 삼겹살 500g(냉동 보관 / 공용 재료)
· 콩나물 200g(공용 재료)
· 썰어놓은 양파 1개
· 3cm 길이로 썬 대파 2대

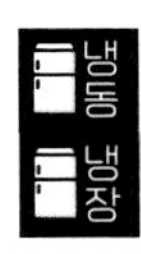

공용

· 콩나물 400g과 숙주 500g(생수에 담가 보관)
· 300g, 600g, 500g으로 소분한 대패 삼겹살(냉동 보관)
· 사각 썰기 한 두부 1모(생수에 담가 보관)
· 채 썬 대파 3대와 3cm 길이로 썬 대파 2대, 0.3cm 길이로 썬 대파 ½대, 0.5cm 두께로 썬 대파 2대

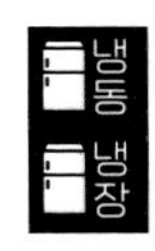

돈페이야키 15분 소요 | 난이도 하 | 냉장 5일 이내

아침에 간단히 먹기에도 좋고, 술안주로도 아주 훌륭한 일본식 달걀 요리예요. 오코노미소스와 정말 잘 어울리죠.

재료

- 달걀 3개
- 숙주 200g
- 대패 삼겹살 300g
- 대파 1대
- 소금 ⅓큰술
- 후춧가루 약간
- 마요네즈 3큰술

오코노미소스

- 굴소스 1 + ½큰술
- 진간장 1 + ½큰술
- 설탕 1큰술
- 토마토케첩 1 + ½큰술
- 물 3큰술

❶ 팬에 대패 삼겹살을 올리고 중간 불에서 5분간 볶습니다.

❷ 소금, 후춧가루로 간합니다.

❸ ②에 숙주를 넣고 2분간 볶습니다.

❹ 달걀 3개를 풀어 다른 프라이팬에 붓고 약한 불에서 80% 익을 때까지 부쳐줍니다.

❺ 익힌 달걀 위에 ③을 올리고 접어줍니다.

❻ 분량의 재료로 만든 오코노미소스를 뿌립니다.

❼ 마요네즈도 뿌립니다.

❽ 잘게 썬 대파를 올려 마무리합니다.

NOTE 잘게 썬 양배추도 같이 볶으면 한층 업그레이드시킬 수 있어요.

매운잡채덮밥

20분 소요 | 난이도 중 | 냉장 5일 이내

레시피가 복잡할 것 같은 잡채는 생각보다 간단히 만들 수 있어요. 당면만 미리 물에 담가 불려놓고 재료만 준비하면 프라이팬 하나로 금방 완성할 수 있죠. 매콤하고 국물이 살짝 있게 만들어 밥 위에 올려 먹으면 정말 맛있어요.

재료

- 당면 100g • 콩나물 200g
- 부추 70g • 청양고추 2개
- 양파 ½개 • 대파 ½대
- 참기름 2큰술 • 통깨 1큰술
- 물 3컵(540ml)
- 밥 1공기

양념장

- 고춧가루 3큰술
- 고추장 2 + ½큰술
- 굴소스 ½큰술
- 다진 마늘 1큰술
- 진간장 3큰술
- 설탕 1큰술 • 올리고당 2큰술
- 맛술 2큰술 • 후춧가루 약간

❶ 당면은 미지근한 물에 담가 1시간 이상 불립니다.
❷ 양파는 0.5cm 두께로 채 썰어줍니다.
❸ 대파, 청양고추는 0.3cm 두께로 썰어줍니다.
❹ 부추는 6cm 길이로 썰어줍니다.
❺ 분량의 재료로 양념장을 만듭니다.
❻ 웍에 물 3컵과 양념장을 넣고 5분간 끓입니다.
❼ 불린 당면을 넣고 2분간 끓입니다.
❽ 콩나물, 부추, 양파, 대파, 청양고추를 넣고 4분간 저어가며 더 끓입니다.
❾ 마지막으로 참기름을 두르고 1분간 더 볶습니다.
❿ 따뜻한 밥 위에 잡채를 듬뿍 올리고 통깨를 뿌려 마무리합니다.

NOTE
· 당면은 30분~1시간 이상 미지근한 물에 불리거나 끓는 물에 10분간 삶습니다.
· 국물 없는 잡채로 만든다면 물은 2컵으로 해주세요.

된장국수

20분 소요 | 난이도 하 | 냉장 5일 이내

고깃집에서 맛있게 고기를 먹고 후식으로 국수를 먹었는데, 고기보다 더 생각이 나더라고요. 그때 기억을 떠올려 된장찌개를 덜 짜게 만들어 소면만 넣어 먹는 아주 간단한 레시피를 만들어봤어요.

재료

- 된장 2큰술
- 두부 ½모
- 팽이버섯 1봉
- 양파 ½개
- 대파 1대
- 소면 2인분
- 물 4컵(720ml)
- 고춧가루 1큰술

양념

- 멸치 국물 팩 1개

❶ 물 4컵에 멸치 국물 팩을 넣고 끓여 국물을 만듭니다.

❷ ①에 된장 2큰술을 체에 걸러 풀어줍니다.

❸ 양파는 0.5cm 두께로 얇게 채 썰어줍니다.

❹ 두부는 사각 썰기 합니다.

❺ 팽이버섯은 밑동을 제거하고, 흐르는 물에 가볍게 씻어줍니다.

❻ 대파 1대는 얇게 채 썰어줍니다.

❼ 국물이 끓기 시작하면 양파, 두부, 버섯, 대파를 넣고 5분간 끓입니다.

❽ 소면은 끓는 물에 넣어 3분간 삶은 뒤 찬물에 헹궈 물기를 제거합니다.

❾ 끓는 된장찌개에 소면을 넣고 1분간 끓입니다.

❿ 고춧가루 1큰술을 뿌려 완성합니다.

NOTE 소면은 된장찌개에 넣어 한번 더 끓이기 때문에 처음 삶을 때 완전히 익히지 않고 1분 정도 덜 삶습니다.

애호박달걀만두전 20분 소요 | 난이도 중 | 냉장 5일 이내

국수만 먹으면 항상 허전한 기분이 들어서 만두, 전 등 배를 채울 수 있는 요리를 하나씩 더 준비하게 되는 듯해요. 만두처럼 생긴 밀가루 없는 건강한 달걀전과 함께 든든하게 먹어보세요.

재료

- 애호박 1개
- 달걀 3개
- 당면 60g(1줌)
- 소금 ⅔큰술
- 후춧가루 약간
- 식용유 90ml

❶ 당면은 끓는 물에 10분간 삶아줍니다.

❷ 삶은 당면을 체에 걸러 찬물에 헹군 뒤 물기를 빼줍니다.

❸ 물기를 제거한 당면은 가위로 잘게 잘라줍니다.

❹ 애호박은 0.4cm 두께로 채 썰어줍니다.

❺ ④에 소금 ⅓큰술을 넣고 골고루 섞어서 30분간 절여둡니다.

❻ 30분 뒤 애호박의 물기를 제거합니다.

❼ 달걀 3개를 곱게 풀어줍니다.

❽ 달걀물에 소금 ⅓큰술, 후춧가루 약간을 넣습니다.

❾ ⑧에 잘게 썬 애호박과 당면을 넣습니다.

❿ 팬에 식용유를 두르고 중간 불에서 달굽니다.

⓫ 반죽을 2큰술 정도 넣고 중약불에서 동그랗게 부쳐줍니다.

⓬ 60% 정도 익으면 반으로 접어 3분간 앞뒤로 부칩니다.

NOTE 에그 프라이팬을 사용하면 쉽게 예쁜 모양을 만들 수 있어요.

대패채소찜

20분 소요 | 난이도 하 | 냉장 7일 이내

재료를 준비하고 찜기에 찌기만 하면 완성되는 요리예요. 다이어트 음식으로도 참 훌륭해요. 제가 좋아하는 메뉴 중 하나이기도 하죠. 찌기만 했는데 담백하고 정말 맛있어요.

재료

- 대패 삼겹살 600g
- 알배추 ½통
- 부추 200g
- 숙주 200g
- 물 2컵(360ml)
- 소금 ½큰술
- 후춧가루 약간

소스

- 진간장 3큰술
- 식초 3큰술
- 설탕 2큰술
- 다진 마늘 1큰술
- 연겨자 2큰술
- 물 2큰술

❶ 알배추는 적당한 크기로 썰어줍니다.

❷ 부추는 6cm 길이로 썰어줍니다.

❸ 냄비에 물 2컵을 넣고 찜기를 올려 찜기에 숙주, 알배추, 부추를 듬뿍 올립니다.

❹ ③을 대패 삼겹살로 덮어줍니다.

❺ 대패 삼겹살 위에 소금과 후춧가루를 살짝 뿌립니다.

❻ 중간 불에서 15분간 찝니다.

❼ 중간에 대패 삼겹살이 속까지 잘 익었는지 확인합니다.

❽ 분량의 재료로 소스를 만들어 곁들입니다.

NOTE 간단하게 칠리소스에 찍어 먹어도 맛있어요.

애호박찌개

20분 소요 | 난이도 하 | 냉장 5일 이내

헤어 나올 수 없는 애호박의 매력! 찌개용으로는 주로 깍둑 썰거나 반달썰기 하는데, 얇게 채 썰어 찌개를 끓이면 또 다른 매력이 있어요.

재료

- 애호박 1개
- 찌개용 돼지고기 300g
- 양파 ½개
- 청양고추 2개
- 부추 70g
- 대파 1대
- 식용유 5큰술 • 물 600ml

양념

- 고춧가루 2큰술
- 고추장 1큰술
- 된장 ½큰술
- 다진 마늘 1큰술
- 새우젓 ½큰술
- 진간장 2큰술

❶ 부추는 6cm 길이로 썰어줍니다.

❷ 청양고추는 0.5cm 두께로 어슷썰기 합니다.

❸ 애호박은 0.4cm 두께로 채 썰어줍니다.

❹ 양파는 0.5cm 두께로 썰어줍니다.

❺ 냄비에 식용유를 두르고 0.5cm 두께로 썰어준 대파를 넣은 뒤 중간 불에서 3분간 볶다가 돼지고기를 넣고 볶습니다.

❻ 진간장 2큰술을 넣고 살짝 태워가며 볶습니다.

❼ 고춧가루 2큰술을 넣고 중약불에서 2분간 볶습니다.

❽ 물 600ml, 고추장 1큰술, 된장 ½큰술, 새우젓 ½큰술, 다진 마늘 1큰술을 넣습니다.

❾ 팔팔 끓기 시작하면 채 썬 애호박, 양파, 청양고추를 넣고 5분간 끓입니다.

❿ 부추를 넣고 5분간 끓여 완성합니다.

숙주나시고랭볶음밥

10분 소요 | 난이도 하 | 냉장 5일 이내

흔한 달걀볶음밥이 지겨울 때는 숙주, 고기, 간장소스를 넣고 볶아 인도네시아식 볶음밥인 나시고랭으로 만들어보세요. 냉장고 속 자투리 채소를 사용하기에도 좋고 간단하게 만들 수 있어 더 좋아요.

재료

- 숙주 100g
- 달걀 1개
- 냉동 새우 10마리
- 대파 1대
- 찬밥 1공기
- 식용유 3큰술

소스

- 진간장 2큰술
- 맛술 2큰술
- 굴소스 1큰술
- 설탕 ½큰술

❶ 냉동 새우는 물에 10분간 담가 해동합니다.

❷ 팬에 식용유를 두르고 잘게 썬 대파를 중간 불에서 3분간 볶습니다.

❸ 냉동 새우를 넣고 중간 불에서 3분간 볶습니다.

❹ 볶은 대파와 새우는 가장자리에 두고 분량의 재료로 만든 소스를 부어 살짝 태워가며 볶습니다.

❺ 찬밥을 넣고 골고루 볶습니다.

❻ 숙주를 넣고 1분간 볶습니다.

❼ 숙주를 한쪽에 모아두고 달걀 1개를 깨 넣어 스크램블드에그처럼 볶은 뒤 80% 정도 익으면 볶음밥과 함께 다시 한번 볶아줍니다.

NOTE 부추, 당근 등 자투리 채소를 활용해서 만들어도 좋아요.

알배추된장국

20분 소요 | 난이도 하 | 냉장 7일 이내

물에 된장을 풀어 배추만 넣고 푹 끓인 된장국이에요. 재료는 소박하지만 어떤 국보다 정감이 가죠. 한 그릇 호로록 마시면 소화도 잘되고 깔끔 담백한 맛이 일품이에요.

재료

- 알배추 ½통(250g)
- 대파 1대
- 쌀뜨물 4컵(720ml)
- 청양고추 1개
- 홍고추 1개
- 두부 ½모

양념

- 된장 3큰술
- 다진 마늘 1큰술
- 멸치 국물 팩 1개

❶ 알배추는 반으로 썰어 다시 4등분합니다.

❷ 대파는 0.5cm 두께로 썰어줍니다.

❸ 청양고추, 홍고추는 0.4cm 길이로 어슷썰기 합니다.

❹ 두부는 깍둑썰기 합니다.

❺ 쌀뜨물 4컵에 멸치 국물 팩을 넣고 10분간 끓여 국물을 만듭니다.

❻ ⑤에 된장을 체에 걸러 풀어줍니다.

❼ 된장 국물이 끓으면 알배추, 대파, 다진 마늘을 넣고 중간 불에서 10분간 끓여줍니다.

❽ 두부, 청양고추, 홍고추를 넣고 중간 불에서 10분간 더 끓여 완성합니다.

NOTE 얼큰하게 만들고 싶다면 고춧가루 1~2큰술을 추가하세요.

매콤대패제육볶음

20분 소요 | 난이도 하 | 냉장 6일 이내

몇 번을 먹어도 질리지 않는 국민 반찬 제육볶음이에요. 대패 삼겹살로 만들어 야들야들하고, 양념이 쏙쏙 배어 정말 맛있어요. 한 그릇 뚝딱 먹을 수 있는 메인 메뉴로 추천해요.

재료

- 대패 삼겹살 500g
- 양파 1개
- 대파 2대
- 콩나물 200g

양념장

- 고춧가루 2 + ½큰술
- 고추장 3큰술
- 맛술 3큰술
- 설탕 1큰술
- 올리고당 2큰술
- 진간장 3큰술
- 다진 마늘 1큰술
- 후춧가루 약간

❶ 양파는 0.5cm 두께로 채 썰어줍니다.

❷ 대파는 3cm 길이로 썰어줍니다.

❸ 분량의 재료로 양념장을 만듭니다.

❹ 대패 삼겹살에 양념장을 무칩니다.

❺ 팬에 양념한 대패 삼겹살을 넣고 중간 불에서 5분간 볶습니다.

❻ 고기가 80% 정도 익었을 때 콩나물, 양파, 대파를 넣고 중약불에서 볶아 완성합니다.

5만 원 일주일 집밥

스트레스 풀리는 매운맛 밀키트

일주일 식단 계획표

봄이라고 산뜻한 음식만 먹을 수는 없죠. 스트레스가 쌓일 때는 집 앞을 산책하면서 예쁜 꽃을 보기도 하고, 맵고 얼큰한 집밥으로 스트레스를 풀어주세요. 이번 밀키트는 봄을 알리는 봄동과 함께 비타민을 충전하고 기분 좋은 시간을 보내길 바라며 빨간 요리로 준비해봤어요.

※ 연출된 이미지로 실제와 다를 수 있습니다.

TOTAL 5만 원

밀키트 재료 준비하기

주재료	부재료	양념
☑ 주꾸미 400g	☐ 양파 4개	☐ 고춧가루
☐ 떡볶이 떡 250g	☐ 대파 4대	☐ 고추장
☐ 어묵 4장	☐ 당근 ½개	☐ 참기름
☐ 당면 100g	☐ 청양고추 8개	☐ 소금
☐ 도토리묵 400g	☐ 김밥용 김 4장	☐ 식용유
☐ 봄동 200g	☐ 김치 ¾포기	☐ 굴소스
☐ 소면 2인분	☐ 김칫국물 1 + ½컵(90ml)	☐ 매실액
☐ 참치 캔 1개	☐ 김가루 약간	☐ 올리고당
☐ 달걀 2개	☐ 튀김가루 1컵(180ml)	☐ 설탕
☐ 수육용 돼지고기 700g	☐ 멸치 국물 팩 1개	☐ 맛술
☐ 파스타 면 2인분	☐ 쌀뜨물 1L	☐ 진간장
☐ 토마토소스 8큰술		☐ 다진 마늘
☐ 비엔나소시지 300g		☐ 참치액젓
☐ 밥 1공기		☐ 식초
		☐ 후춧가루
		☐ 우유(선택)
		☐ 통깨
		☐ 카레가루
		☐ 올리브 오일

2

60분 만에 완성

밀키트 재료 손질하기

start!

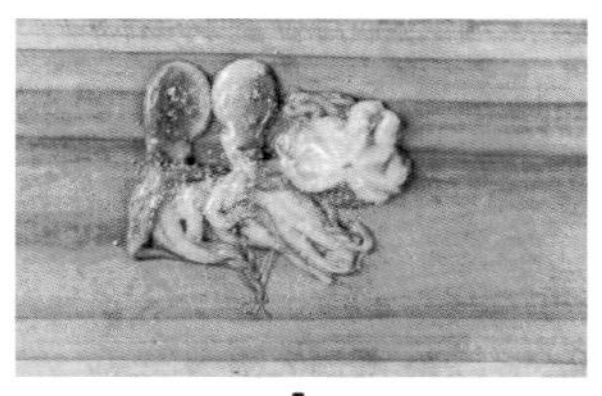

주꾸미

• 주꾸미는 밀가루와 굵은소금 각 3큰술을 뿌려 문질러 씻고 찬물에 헹궈줍니다.

• 씻은 주꾸미는 내장과 먹물을 제거한 뒤 밀폐 용기에 담아 보관합니다.

봄동

• 흐르는 물에 깨끗이 씻은 뒤 100g은 얇게 채 썰어줍니다.

• 100g은 반으로 썰어 4등분합니다.

파스타 면

• 끓는 물에 소금 1큰술, 올리브 오일 1큰술을 넣고 파스타 면을 5분간 삶아줍니다. 삶은 파스타는 찬물에 바로 헹궈줍니다. 그런 다음 올리브 오일 2큰술을 넣어서 비벼 비닐봉지에 담아 보관합니다(일주일 이내 섭취).

도토리묵

• 도토리묵은 반으로 썰어 1cm 두께로 썰어줍니다.

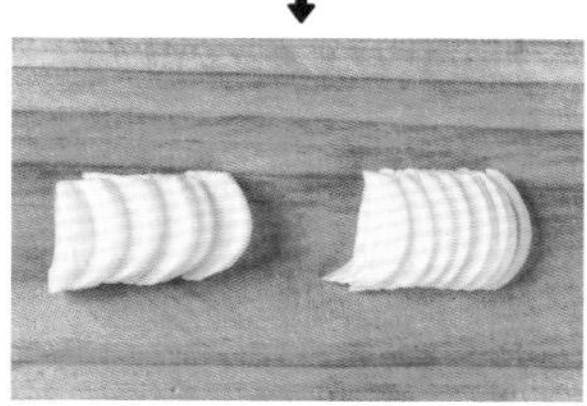

양파

• 3개는 0.5cm 두께로 썰어줍니다.

• 1개는 0.3cm 두께로 썰어줍니다.

김치

- ½포기는 그대로 보관하고 ¼포기는 잘게 썰어줍니다.

어묵

- 4장은 사각 썰기 합니다.

당근

- 세척한 다음 0.3cm 두께로 썰어줍니다.

청양고추

- 5개는 0.3cm 두께로 썰어줍니다.
- 3개는 0.5cm 두께로 어슷썰기 합니다.

공용

대파

- 대파 4대는 5cm 길이로 썰어줍니다.

※ 각 과정의 이미지는 참고용으로 실제와 다를 수 있습니다. 반드시 설명을 읽고 따라 하십시오.

3

재료 보관

손질 재료 소분하기

월

· 씻어놓은 주꾸미 400g
· 0.5cm 두께로 썬 양파 1개와 5cm 길이로 썬 대파 1대 (공용 재료)
· 0.3cm 두께로 썬 당근 ½개
· 0.5cm 두께로 어슷썰기 한 청양고추 3개

화

· 수육용 돼지고기 700g
· 0.5cm 두께로 썬 양파 1개, 5cm 길이로 썬 대파 2대 (공용 재료)
· 김치 ½포기

수

· 썰어놓은 도토리묵 400g
· 0.3cm 두께로 썬 양파 ½개
· 4등분한 봄동 100g

목

· 얇게 채 썬 봄동 100g
· 0.3cm 두께로 썬 양파 ½개와 청양고추 2개

※ 각 과정의 이미지는 참고용으로 실제와 다를 수 있습니다. 반드시 설명을 읽고 따라 하십시오.

- 손질해 비닐봉지에 담아놓은 파스타 면 2인분
- 비엔나소시지 300g
- 0.5cm 두께로 썬 양파 1개
- 0.3cm 두께로 썬 청양고추 3개

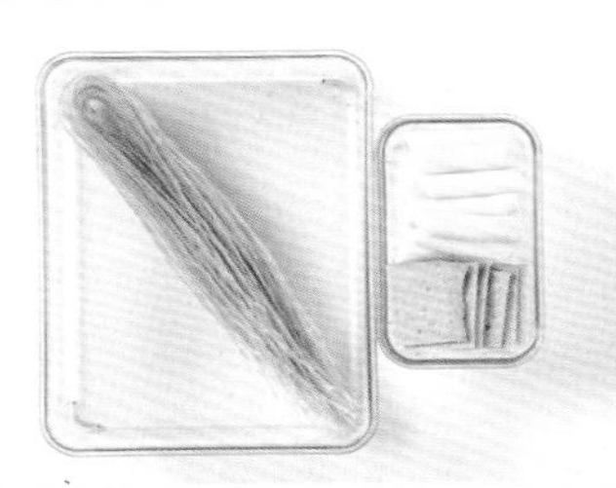

- 떡볶이 떡 250g
- 사각 썰기 한 어묵 4장
- 당면 100g
- 5cm 길이로 썬 대파 1대(공용 재료)

- 잘게 썬 김치 ¼포기
- 참치 캔 1개

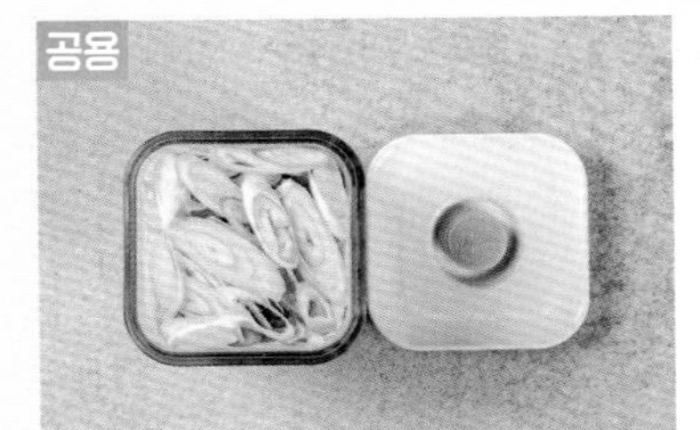

- 5cm 길이로 썬 대파 4대

매콤주꾸미볶음

30분 소요 | 난이도 하 | 냉장 3일 이내

제철 맞은 주꾸미는 살이 통통하고 쫄깃해서 정말 맛있어요. 삶아서 그냥 먹어도 맛있지만 매콤하게 볶으면 근사한 밥상을 차릴 수 있어요.

재료

- 주꾸미 400g • 양파 1개
- 대파 1대 • 당근 ½개
- 청양고추 3개
- 식용유 4큰술
- 참기름 2큰술

양념장

- 고추장 1큰술
- 고춧가루 3큰술
- 다진 마늘 1큰술
- 설탕 1큰술
- 올리고당 ½큰술
- 진간장 2큰술 • 맛술 1큰술
- 통깨 1큰술 • 굴소스 1큰술

❶ 양파는 0.5cm 두께로, 대파는 5cm 길이로 썰어줍니다.

❷ 당근은 반으로 썰어 0.3cm 두께로 썰어줍니다.

❸ 청양고추는 0.5cm 두께로 어슷썰기 합니다.

❹ 미리 손질해 냉장 보관해두었던 주꾸미를 끓는 물에 식초 2큰술을 넣고 30초간 데칩니다.

❺ 데친 주꾸미는 먹기 좋은 크기로 썰어줍니다.

❻ 주꾸미에 분량의 재료로 만든 양념장을 버무립니다.

❼ 팬에 식용유를 두르고 양파, 당근, 청양고추를 넣고 중간 불에서 5분간 볶다가 양념한 주꾸미를 넣고 빠르게 볶습니다.

❽ 바로 대파를 넣고 살짝 볶습니다.

❾ 참기름 2큰술을 뿌려 마무리합니다.

NOTE
- 주꾸미는 오래 삶을수록 질겨져요.
- 남은 양념에 맛있는 볶음밥을 즐길 수 있어요.

돼지고기김치찜

40분 소요 | 난이도 중 | 냉장 3일 이내

이름만 들으면 왠지 모르게 어려울 듯한 요리지만, 이보다 쉬울 수가 없어요. 잘 익은 김치, 돼지고기와 약간의 시간만 준비하면 진정한 밥도둑을 만날 수 있죠.

재료

- 수육용 돼지고기 700g
- 김치 ½포기
- 양파 1개
- 대파 2대
- 쌀뜨물 1L
- 김칫국물 1컵

양념

- 고춧가루 1 + ½큰술
- 참치액젓 2큰술
- 다진 마늘 1큰술

❶ 양파는 0.5cm 두께로 썰어줍니다.

❷ 대파는 5cm 길이로 썰어줍니다.

❸ 냄비에 돼지고기를 깔아줍니다.

❹ ③ 위에 양파와 대파를 올립니다.

❺ ④ 위에 김치를 올립니다.

❻ ⑤에 쌀뜨물과 김칫국물을 넉넉히 붓습니다.

❼ 뚜껑을 덮고 10분간 팔팔 끓여줍니다.

❽ 고춧가루, 참치액젓, 다진 마늘을 넣습니다.

❾ 뚜껑을 덮고 약한 불에서 30분간 끓입니다.

NOTE 김치가 신맛이 강하다면 설탕 1큰술을 넣어도 좋아요.

봄동도토리묵무침

20분 소요 | 난이도 하 | 냉장 6일 이내

탱글한 도토리묵과 아삭 달큰한 봄동의 조합은 젓가락을 멈출 수 없을 만큼 맛있는 반찬 겸 안주가 되어줄 거예요.

재료

- 도토리묵 400g
- 양파 ½개
- 봄동 100g

양념장

- 진간장 5큰술
- 고춧가루 2큰술
- 매실액 2큰술
- 다진 마늘 1큰술
- 설탕 ½큰술
- 통깨 약간
- 참기름 2큰술

❶ 봄동은 깨끗이 씻어 반으로 썬 뒤 4등분합니다.

❷ 도토리묵은 반으로 썬 뒤 1cm 두께로 썰어줍니다.

❸ 양파는 0.3cm 두께로 썰어줍니다.

❹ 묵은 끓는 물에 넣어 1분간 데칩니다.

❺ 데친 묵은 찬물에 담가 식힙니다.

❻ 볼에 봄동과 양파를 넣고 분량의 재료로 만든 양념장을 반 정도만 넣어 무칩니다.

❼ 그릇에 봄동과 양파를 담고 위에 도토리묵을 올립니다.

❽ 도토리묵에 나머지 양념장을 얹습니다.

NOTE
· 오이를 추가하면 아삭하고 시원해서 맛있어요.
· 봄동 대신 상추를 사용해도 좋아요.

봄동비빔국수 10분 소요 | 난이도 하 | 냉장 5일 이내

봄동은 제철 채소 중 비타민이 풍부한 채소예요. 쌈, 무침, 전, 국 등 다양하게 활용할 수 있는데, 아삭하고 단맛도 나는 봄동으로 생채를 만들어 비빔국수에 곁들여도 정말 맛있어요.

재료

- 봄동 100g
- 청양고추 2개
- 양파 ½개
- 소면 2인분

봄동양념장

- 고춧가루 2큰술
- 다진 마늘 ½큰술
- 진간장 1큰술
- 참치액젓 1큰술
- 식초 2큰술
- 올리고당 2큰술
- 설탕 1큰술
- 참기름 2큰술
- 통깨 1큰술

❶ 봄동은 얇게 채 썰어줍니다.

❷ 청양고추와 양파는 0.3cm 두께로 얇게 썰어줍니다.

❸ 볼에 봄동, 청양고추, 양파를 넣고 분량의 재료로 만든 양념장을 넣어 비벼줍니다.

❹ 끓는 물에 소면을 3분 30초간 삶아서 찬물에 헹굽니다.

❺ 소면에 ③을 넣고 골고루 비벼줍니다.

얼큰국물파스타

20분 소요 | 난이도 중 | 냉장 5일 이내

평소 많이 먹는 토마토파스타와 달리 짬뽕처럼 얼큰한 파스타예요. 마치 해장국 같은 느낌이라 술안주, 집들이 요리로도 아주 훌륭해요.

재료

- 파스타 면 2인분
- 토마토소스 8큰술
- 비엔나소시지 300g
- 양파 1개
- 청양고추 3개
- 소금 1큰술
- 다진 마늘 1큰술
- 물 2컵(360ml)
- 식용유 3큰술

양념

- 고춧가루 2큰술
- 올리고당 2큰술
- 후춧가루 약간

❶ 양파는 0.5cm 두께로 채 썰어줍니다.

❷ 청양고추는 0.3cm 두께로 썰어줍니다.

❸ 소시지는 끓는 물에 살짝 데쳐서 준비합니다.

❹ 끓는 물에 소금을 넣고 파스타 면을 3분간 삶습니다.

❺ 프라이팬에 기름을 두르고 양파와 다진 마늘을 넣고 중간 불에서 3분간 볶습니다.

❻ 소시지와 청양고추를 넣고 2분간 볶습니다.

❼ 고춧가루를 넣고 약한 불에서 살짝 볶습니다.

❽ 토마토소스 8큰술, 올리고당 2큰술을 넣고 볶습니다.

❾ 물 2컵을 넣고 끓기 시작하면 파스타 면과 후춧가루를 넣어 2분간 끓입니다.

NOTE 다진 마늘 대신 편 마늘을 넣어도 좋아요.

초간단떡볶이

10분 소요 | 난이도 하 | 냉장 5일 이내

집에서도 쉽게 만들 수 있는 분식집 스타일의 떡볶이예요. 떡볶이는 주기적으로 한 번씩 먹어야 직성이 풀릴 만큼 많은 이들이 좋아하는 메뉴죠.

재료

- 떡볶이 떡 250g
- 어묵 4장
- 대파 1대
- 멸치 국물 1팩
- 물 500ml
- 설탕 1큰술

양념장

- 고추장 4큰술
- 고춧가루 2큰술
- 진간장 2큰술
- 올리고당 2큰술
- 다진 마늘 ½큰술
- 카레가루 1큰술

❶ 어묵은 사각 썰기 합니다.

❷ 대파는 5cm 길이로 썰어줍니다.

❸ 물에 멸치 국물 팩을 넣어 끓여 국물을 만듭니다.

❹ 멸치 국물에 설탕을 넣고 끓입니다.

❺ 끓기 시작하면 떡을 넣고 5분간 끓입니다.

❻ 어묵과 분량의 재료로 만든 양념장, 대파를 넣고 중간 불에서 5분간 끓입니다.

❼ 중약불에서 10분간 저어주면서 끓입니다.

NOTE
· 양념장과 물 100ml를 더 넣고 라면을 넣으면 라볶이로 변신시킬 수 있어요.
· 약한 불에서 10~20분 정도 더 조리하면 진한 떡볶이를 즐길 수 있어요.

왕김말이 30분 소요 | 난이도 중 | 냉장 5일 이내

떡볶이에 빠질 수 없는 김말이예요. 일반 분식집에서 먹는 것과 다르게 집에서는 마음대로 크게 만들 수 있죠. 씹는 맛도 아주 좋은 왕김말이를 만들어 보세요.

재료

- 당면 100g
- 김밥용 김 4장
- 튀김가루 1컵(180ml)
- 식용유 1L
- 올리브 오일 2큰술
- 후춧가루 약간
- 물 1컵(18ml)

❶ 끓는 물에 당면을 넣고 7분간 삶습니다.

❷ 삶은 당면은 올리브 오일, 후춧가루를 넣고 섞습니다.

❸ 김밥용 김에 당면을 2/3만큼 채워서 돌돌 말아줍니다.

❹ 끝부분에 물을 살짝 묻혀줍니다.

❺ 튀김가루를 골고루 묻힙니다.

❻ 튀김가루 : 물을 1 : 1 비율로 섞어 반죽을 만듭니다.

❼ 김말이에 반죽물을 묻혀 식용유를 넣고 달군 팬에 2분간 튀깁니다.

NOTE
- 부추를 얇게 다져서 당면 밑간할 때 같이 넣으면 더 맛있어요.
- 청양고추를 다져서 넣으면 매콤하게 즐길 수 있어요.

김치참치덮밥 + 스크램블드에그

20분 소요 | 난이도 하 | 냉장 5일 이내

잘 익은 김치를 참치와 볶으면 소박한 듯하지만 한번 먹으면 계속 먹게 되는 묘한 매력이 있어요. 부드러운 스크램블드에그와 함께 먹으면 든든하게 한 끼 해결할 수 있어요.

재료

- 김치 ¼포기
- 참치 캔 1개
- 김칫국물 ½컵(90ml)
- 달걀 2개
- 우유 3큰술(선택)
- 식용유 3큰술
- 물 ½컵(90ml)
- 김가루 약간
- 밥 1공기

양념

- 진간장 2큰술
- 설탕 ½큰술
- 고춧가루 2큰술
- 후춧가루 약간

❶ 김치를 잘게 잘라줍니다.

❷ 프라이팬에 식용유를 두르고 김치를 중간 불에서 3분간 볶습니다.

❸ ②에 참치를 기름을 포함해서 모두 넣어줍니다.

❹ 중간 불에서 3분간 볶습니다.

❺ 물, 김칫국물, 진간장, 설탕, 고춧가루를 넣고 볶습니다.

❻ 후춧가루도 살짝 뿌려줍니다.

❼ 다른 팬에 식용유를 두르고 달굽니다.

❽ 달걀과 우유(선택)를 넣고 달걀물을 만들어 중간 불에서 빠르게 볶으며 익힙니다.

❾ 따뜻한 밥 위에 김치참치볶음과 스크램블드에그, 김가루를 올립니다.

NOTE 스크램블드에그를 만들 때 우유를 넣으면 더욱 부드럽게 만들 수 있지만 생략해도 돼요.

1만원 일주일 집밥

제철
반찬

단무지무침 5분 소요 | 난이도 하 | 냉장 2주 이내

아삭아삭한 단무지는 그냥 먹어도 맛있지만 가볍게 무치면 다양한 메뉴와 잘 어울리는 김치 같은 존재가 됩니다.

재료

- 단무지 200g
- 대파 ½대

양념장

- 다진 마늘 1큰술
- 고춧가루 1큰술
- 설탕 ½큰술
- 참기름 1큰술
- 통깨 1큰술

❶ 단무지는 체에 밭쳐 물기를 제거합니다.

❷ 물기를 제거한 단무지는 먹기 좋은 크기로 썰어줍니다.

❸ 대파는 잘게 썰어줍니다.

❹ 볼에 단무지와 대파, 분량의 재료로 만든 양념장을 넣고 무칩니다.

표고버섯간장조림 20분 소요 | 난이도 하 | 냉장 7일 이내

표고버섯의 향과 쫄깃함을 그대로 느낄 수 있는 훌륭한 반찬이에요. 짭조름하게 조려서 먹으면 밥반찬으로 너무 잘 어울려요.

재료

- 표고버섯 10개
- 대파 1대
- 꽈리고추 8개
- 통깨 1큰술
- 식용유 2큰술

양념장

- 물 1컵
- 진간장 2큰술
- 올리고당 2큰술
- 다진 마늘 1큰술

❶ 표고버섯은 먹기 좋게 찢어놓습니다.

❷ 꽈리고추는 가로로 반 썰어줍니다.

❸ 냄비에 기름을 두르고 0.5cm 두께로 썰어준 대파를 3분간 볶습니다.

❹ 표고버섯을 넣고 중간 불에서 3분간 볶습니다.

❺ 분량의 양념장 재료와 꽈리고추를 넣고 끓입니다.

❻ 중약불에서 골고루 섞어주며 조립니다.

❼ 통깨를 뿌려 마무리합니다.

NOTE 말린 표고버섯의 경우 물에 하루 정도 불려서 물 대신 표고버섯 우린 물을 넣어도 좋아요.

취나물무침 10분 소요 | 난이도 하 | 냉장 7일 이내

취나물은 제철이 아니어도 마트에 가면 어렵지 않게 구할 수 있어요. 하지만 봄이 제철이기에 아주 간단한 무침으로 준비해봤어요. 식탁에 올리면 순식간에 사라지는 기본 반찬이죠.

재료

- 취나물 150g
- 소금 1큰술

양념장

- 참치액젓 1큰술 또는 국간장 1큰술
- 소금 약간
- 다진 마늘 ½큰술
- 참기름 2큰술
- 통깨 1큰술

❶ 취나물은 흐르는 물에 깨끗이 헹굽니다.

❷ 끓는 물에 소금 1큰술을 넣습니다.

❸ 취나물을 넣고 1분간 데칩니다.

❹ 바로 건져서 체에 밭쳐 찬물에 헹굽니다.

❺ 물기를 꾹 짜서 털어줍니다.

❻ 취나물은 먹기 좋은 크기로 썰어줍니다.

❼ 볼에 취나물을 담아 분량의 재료로 만든 양념장을 넣고 버무립니다.

조개강된장 30분 소요 | 난이도 하 | 냉장 5일 이내

조개 종류마다 제철이 달라요. 그중 봄이 제철인 동죽을 사용해봤어요. 동죽은 바지락보다 조금 더 크고 쫄깃하죠. 피로 해소에도 아주 좋다고 해요. 맛있는 동죽으로 강된장을 만들어 밥에 슥슥 비벼 먹거나 쌈처럼 먹으면 이보다 훌륭한 반찬이 없어요.

재료

- 동죽 살 150g
- 양파 ½개
- 청양고추 2개
- 새송이버섯 1개
- 대파 1대
- 굵은소금 2큰술
- 통깨 1큰술
- 식용유 2큰술

양념

- 다진 마늘 1큰술
- 고춧가루 1큰술
- 된장 3큰술
- 고추장 1큰술
- 올리고당 1큰술
- 물 1컵

❶ 동죽은 흐르는 물에 두세 번 깨끗이 씻어냅니다.

❷ ①에 물을 잠길 정도로 담고 굵은소금을 크게 2큰술 넣어 녹입니다.

❸ 어두운 곳에서 1~2시간 동안 해감합니다.

❹ 해감한 동죽은 끓는 물에 3분간 삶습니다.

❺ 삶은 조개는 살을 분리합니다.

❻ 냄비에 기름을 두르고 0.5cm 두께로 썰어준 대파를 3분간 중간 불에서 볶습니다.

❼ 다진 마늘 1큰술, 다진 양파를 넣고 2분간 볶습니다.

❽ 물 1컵, 고춧가루 1큰술, 된장 3큰술, 고추장 1큰술, 잘게 썬 청양고추, 올리고당 1큰술, 잘게 썬 버섯을 넣습니다.

❾ 모든 재료를 잘 섞어서 중간 불에 10분간 끓입니다.

❿ 동죽과 통깨 1큰술을 넣고 중약불에서 5분간 끓입니다.

굴소스청경채 10분 소요 | 난이도 하 | 냉장 3일 이내

1000~2000원에 꽤 많은 양을 살 수 있는 착한 식재료 중 하나인 청경채를 이용한 요리예요. 청경채는 하루만 지나도 노랗게 변해버리죠. 그럴 때 만들어 먹기 딱 좋은 메뉴예요. 줄기의 아삭함이 살아 있고 잎은 부드럽게 익어 짭조름한 굴소스와 함께 먹으면 너무 맛있어요.

재료

- 청경채 5개
- 새송이버섯 1개
- 대파 ½대
- 식용유 2큰술
- 다진마늘 1큰술
- 전분물 2큰술 (물 100ml+전분 2큰술)

양념장

- 굴소스 2큰술
- 설탕 1큰술
- 맛술 1큰술
- 진간장 1큰술
- 물 100ml

❶ 청경채는 깨끗이 씻어 반으로 썰어줍니다.

❷ 끓는 물에 청경채를 넣어 30초간 데쳐서 찬물에 헹궈 물기를 짜줍니다.

❸ 새송이버섯은 길고 얇게 썰어줍니다.

❹ 팬에 식용유를 두르고 중간 불에서 대파와 다진 마늘을 넣어 2분간 볶고 새송이버섯을 넣어 볶습니다.

❺ 분량의 재료로 만든 양념장을 넣고 끓어오르면 전분물을 넣어 농도를 맞춥니다.

❻ 접시에 청경채를 놓고 ⑤를 뿌립니다.

부추장아찌 15분 소요 | 난이도 하 | 한달 이내

고기와 너무 잘 어울리는 초간단 부추장아찌예요. 집에 있는 재료로 간단하게 만들 수 있어서 편하답니다. 청양고추를 넣어 칼칼한 맛이 고기의 느끼함을 싹 잡아주죠.

재료

- 부추 1단
- 청양고추 8개

양념장

- 물 180ml
- 식초 180ml
- 간장 360ml
- 설탕 120g

❶ 부추와 청양고추는 깨끗이 씻어 물기를 제거합니다.

❷ 부추는 15cm 길이로 썰어줍니다.

❸ 청양고추는 2~3cm 두께로 썰어줍니다.

❹ 통에 부추와 청양고추를 담습니다.

❺ 분량의 양념장 재료를 냄비에 넣고 중간 불로 3분간 끓여줍니다.

❻ ⑤를 통에 부은 뒤 냉장실에서 하루 동안 숙성시킵니다.

PART 02
맛있는 여름 밀키트

3만원 일주일 집밥

집에서도 외식할 수 있는 밀키트

일주일 식단 계획표

늘 밖에 나가 먹던 메뉴를 몇 가지 넣어 외식 밀키트로 구성해봤어요. 사 먹는 것만큼 집에서도 간단히 맛있게 만들 수 있죠. 늘 사던 식재료로 이번 주는 조금 더 다르게 색다른 레시피로 즐겨보세요.

월

폭신달걀 샌드위치
P.118

화

시금치덮밥
P.119

수

컵누들 순두부찌개
P.120

목

묵사발
P.121

시금치겉절이
P.122

금

집코바
P.123

토

콩없는콩국수
P.124

일

콩나물냉국
P.125

※ 연출된 이미지로 실제와 다를 수 있습니다.

TOTAL 3만 원

밀키트 재료 준비하기

주재료	부재료	양념
☑ 달걀 10개	☐ 대파 2대	☐ 마요네즈
☐ 식빵 4장	☐ 청양고추 7개	☐ 설탕
☐ 시금치 400g	☐ 양파 1 + ½개	☐ 소금
☐ 다진 돼지고기 300g	☐ 김치 ¼포기	☐ 머스터드
☐ 콩나물 300g	☐ 김가루 약간	☐ 고추장
☐ 냉면 육수 2봉	☐ 멸치 국물 팩 1개	☐ 다진 마늘
☐ 컵누들(매운맛) 1개		☐ 올리고당
☐ 도토리묵 400g		☐ 진간장
☐ 팽이버섯 1봉		☐ 고춧가루
☐ 두부 1모		☐ 맛술
☐ 두유 2개		☐ 토마토케첩
☐ 중면 2인분		☐ 굴소스
☐ 오이 2개		☐ 후춧가루
☐ 닭 다리살(냉동) 500g		☐ 국간장
☐ 순두부 1봉		☐ 참치액젓
☐ 떡볶이 떡 200g		☐ 통깨
☐ 밥 1공기		☐ 참기름
		☐ 딸기잼
		☐ 식초
		☐ 식용유

30분 만에 완성
밀키트 재료 손질하기

start!

시금치

• 깨끗이 씻어 물기를 털어줍니다.

도토리묵

• 길이 7cm, 두께 2cm로 길게 썰어줍니다.

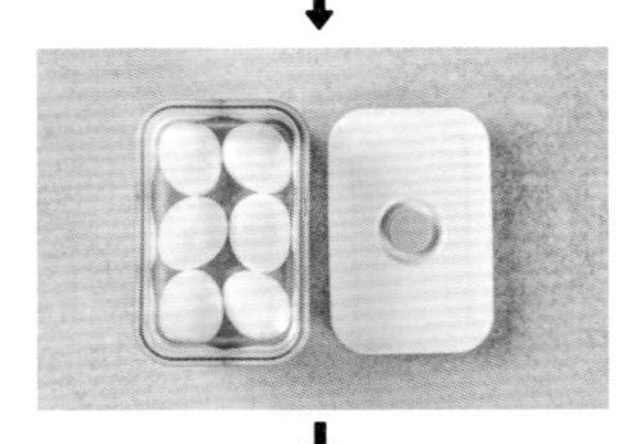

달걀

• 달걀 8개는 끓는 물에 소금 1큰술, 식초 2큰술을 넣고 15분간 삶아 찬물에 담가 식힌 뒤 껍질을 까서 보관합니다.

양파와 오이

• 양파 1개는 깍둑썰기하고 ½개는 0.5cm 두께로 썰어줍니다.
• 오이는 모두 채 썰어줍니다.

청양고추

• 2개는 잘게 다져줍니다.
• 2개는 0.3cm 두께로 썰어줍니다.
• 3개는 0.3cm 두께로 썰어줍니다.

김치

• 김치 ¼포기는 잘게 썰어줍니다.

콩나물

• 깨끗이 씻어 생수에 담가 보관합니다.

다진 돼지고기

• 키친타월로 핏물을 한번 닦아내고 밀폐 용기에 담아서 보관합니다.

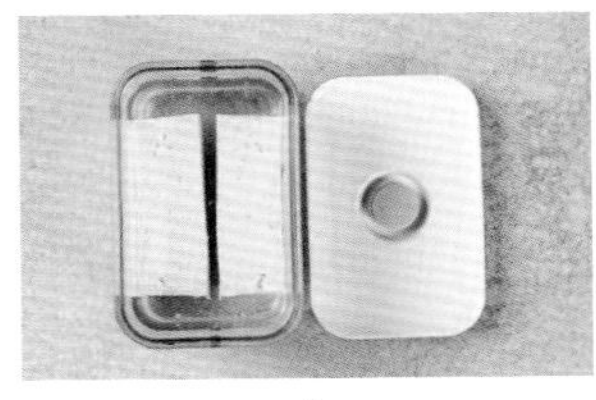

두부

• 두부는 반으로 썰어 생수에 담가 보관합니다.

닭 다리살

• 닭 다리살은 냉동 보관합니다.

대파

• 대파 2대는 0.5cm 두께로 채 썰어 통에 담아 보관합니다.

※ 각 과정의 이미지는 참고용으로 실제와 다를 수 있습니다. 반드시 설명을 읽고 따라 하십시오.

재료 보관

손질 재료 소분하기

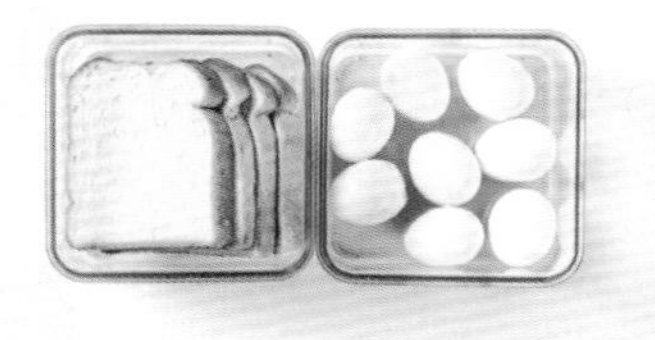

- 삶은 달걀 8개
- 식빵 4장

- 시금치 300g
- 잘게 다진 청양고추 2개
- 다진 돼지고기 300g
- 0.5cm 두께로 썬 대파 ½대(공용 재료)

- 순두부 1봉
- 컵누들(매운맛) 1개
- 0.5cm 두께로 썬 양파 ½개와 대파 ½대(공용 재료)
- 팽이버섯 1봉
- 0.3cm 두께로 썬 청양고추 2개

목

- 썰어놓은 도토리묵 400g
- 시금치 100g
- 채 썬 오이 ½개
- 냉면 육수 2봉
- 잘게 썬 김치 ¼포기

※ 각 과정의 이미지는 참고용으로 실제와 다를 수 있습니다. 반드시 설명을 읽고 따라 하십시오.

· 닭 다리살 500g(냉동 보관)
· 깍둑썰기 한 양파 1개
· 떡볶이 떡 200g

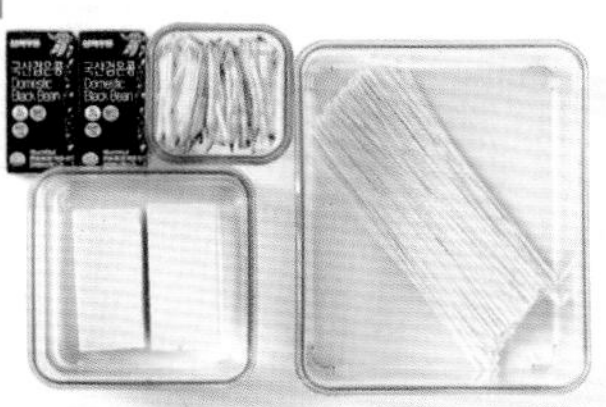

· 두부 1모
· 두유 2개
· 채 썬 오이 ½개
· 중면 2인분

일

· 콩나물 300g(생수에 담가 보관)
· 0.3cm 두께로 썬 청양고추 3개와 0.5cm 두께로 썬 대파 1대(공용 재료)
· 채 썬 오이 1개

공용

· 0.5cm 두께로 썬 대파 2대

폭신달걀샌드위치

30분 소요 | 난이도 하 | 냉장 5일 이내

제목처럼 폭신한 달걀의 식감이 너무 매력적인 샌드위치예요. 우유를 곁들이면 1개만 먹어도 속이 든든하죠. 취향에 따라 각종 채소를 잘게 썰어 넣으면 단백질 폭탄 샌드위치를 만들 수 있어요.

재료

- 식빵 4장
- 달걀 8개
- 소금 1큰술
- 딸기잼 4큰술

양념

- 마요네즈 2큰술
- 설탕 1큰술
- 소금 ½큰술
- 머스터드 1 + ½큰술

❶ 끓는 물에 소금 1큰술을 넣고 달걀 8개를 15분간 삶습니다.

❷ 삶은 달걀은 찬물에 담가 식힌 뒤 노른자와 흰자를 분리합니다.

❸ 노른자와 흰자는 체에 곱게 걸러줍니다.

❹ 볼에 노른자와 흰자를 담아 마요네즈 2큰술, 설탕 1큰술, 소금 ½큰술, 머스터드 1 + ½큰술을 넣고 섞어줍니다.

❺ 식빵에 딸기잼을 얇게 발라줍니다.

❻ 잘 섞은 달걀 속을 듬뿍 넣어줍니다.

NOTE 노른자와 흰자를 분리하면 더 부드러운 달걀샌드위치를 만들 수 있어요.

시금치덮밥

20분 소요 | 난이도 하 | 냉장 5일 이내

여름이 제철인 시금치는 비타민과 철분이 풍부해요. 다양하게 활용할 수 있는 식재료이기도 하죠. 매일 무쳐 먹기만 했던 시금치를 볶아 덮밥으로 만들면 어른, 아이 모두 맛있는 한 그릇 덮밥을 먹을 수 있어요.

재료

- 시금치 300g
- 다진 돼지고기 300g
- 대파 ½대
- 청양고추 2개
- 다진 마늘 1큰술
- 식용유 3큰술
- 통깨 1큰술
- 참기름 1큰술
- 밥 1공기

양념

- 진간장 3큰술
- 굴소스 1큰술
- 설탕 1큰술

❶ 시금치는 흐르는 물에 깨끗이 씻습니다.

❷ 대파는 0.5cm 두께로 썰어줍니다.

❸ 청양고추는 잘게 다집니다.

❹ 프라이팬에 식용유를 두르고 대파를 2분간 볶다가 청양고추, 다진 마늘을 넣고 2분간 더 볶습니다.

❺ 다진 돼지고기를 넣고 중간 불에서 3분간 볶습니다.

❻ 진간장 3큰술, 굴소스 1큰술, 설탕 1큰술을 넣고 볶습니다.

❼ 시금치를 넣고 중간 불에서 3분간 볶습니다.

❽ 통깨 1큰술, 참기름 1큰술을 넣고 가볍게 볶습니다.

❾ 따뜻한 밥 위에 시금치덮밥소스를 올립니다.

NOTE
· 반숙 달걀 프라이와 함께 먹으면 더욱 맛있어요.
· 다진 돼지고기 대신 다진 닭고기나 소고기를 넣어도 좋아요.

컵누들순두부찌개

30분 소요 | 난이도 중 | 냉장 7일 이내

컵누들만 있으면 간단하게 순두부찌개 맛을 낼 수 있어요. 수프 덕에 요리가 어려운 분도 쉽게 도전할 수 있어요. 칼로리도 낮아 다이어트의 부담을 조금 줄여줄 수 있지만 너무 맛있어서 밥 2공기를 먹을 수도 있으니 조심하세요.

재료

- 순두부 1봉
- 컵누들(매운맛) 1개
- 팽이버섯 1봉
- 양파 ½개
- 대파 ½대
- 청양고추 2개
- 달걀 1개
- 식용유 5큰술

양념

- 고춧가루 2큰술

❶ 대파와 양파는 0.5cm 두께로 썰어줍니다.

❷ 냄비에 식용유를 두르고 ①을 넣어 중간 불에서 2분간 볶습니다.

❸ ②에 고춧가루 2큰술을 넣고 중약불에서 2분간 볶습니다.

❹ 컵누들 용기를 이용하여 용기 선까지 물을 담아 ③의 냄비에 붓습니다.

❺ ④에 컵누들 수프, 플레이크를 넣습니다.

❻ 물이 끓기 시작하면 순두부, 팽이버섯, 누들 면을 넣고 중간 불에서 5분간 끓입니다.

❼ 마무리로 달걀을 깨트려 넣고 청양고추를 넣은 뒤 3분간 끓입니다.

묵사발 10분 소요 | 난이도 하 | 냉장 7일 이내

재료만 준비하면 금방 완성되는 시원한 묵사발. 여름에 살얼음 동동 띄운 냉면 육수를 부어 먹으면 더위가 싹 날아가요.

재료

- 도토리묵 400g
- 냉면 육수 2봉
- 김치 ¼포기
- 김가루 약간
- 참기름 1큰술
- 통깨 2큰술
- 오이 ½개

❶ 도토리묵은 길이 7cm, 두께 1.5cm로 썰어줍니다.

❷ 오이는 얇게 채 썰어줍니다.

❸ 도토리묵은 끓는 물에 넣어 1분간 데친 뒤 찬물에 식힙니다.

❹ 김치는 잘게 썰어 참기름 1큰술, 통깨 1큰술을 넣고 섞어줍니다.

❺ 그릇에 도토리묵, 김치, 오이를 올리고 냉면 육수를 붓습니다.

❻ 김가루와 통깨 1큰술을 뿌려 마무리합니다.

NOTE 냉면 육수는 냉동 보관한 뒤 요리하기 1시간 전에 꺼내두면 살얼음 뜬 육수로 먹을 수 있어요.

시금치겉절이

10분 소요 | 난이도 하 | 냉장 7일 이내

시금치를 무쳐서 먹지 않고 생으로 간단하게 샐러드처럼 만들면 색다르고 매력적인 반찬이 됩니다. 고기랑도 잘 어울리고 영양소도 아주 풍부하죠.

재료

- 시금치 100g

양념장

- 다진 마늘 1큰술
- 고춧가루 1큰술
- 진간장 1큰술
- 소금 1작은술
- 참기름 2큰술
- 통깨 1큰술

❶ 시금치는 찬물에 깨끗이 씻습니다.

❷ 물기를 탈탈 털어 볼에 담습니다.

❸ 분량의 양념장 재료를 모두 넣어 가볍게 무칩니다.

NOTE 시금치의 영양소 파괴를 최소화하기 위해서는 뿌리 부분은 최대한 자르지 않는 것이 좋아요. 흐르는 물에 씻고 식초 2큰술을 섞은 찬물에 5분 정도 담가 한번 더 씻어줍니다.

집코바 30분 소요 | 난이도 중 | 냉장 5일 이내

밥은 안 당기고 매콤한 요리가 생각날 때 만들기 딱 좋은 메뉴예요. 맥주 안주로도 참 잘 어울려요. 튀기지 않고도 집에서 간단하고 맛있게 닭 요리를 즐길 수 있어요. 달달 매콤한 빨간 양념이 계속 생각나는 맛이에요.

재료

- 닭 다리살(냉동) 500g
- 양파 1개
- 떡볶이 떡 200g
- 식용유 3큰술

양념장

- 고추장 2큰술
- 다진 마늘 4큰술
- 올리고당 4큰술
- 토마토케첩 2큰술
- 굴소스 ½큰술
- 후춧가루 약간
- 물 ½컵(90ml)
- 설탕 2큰술 • 진간장 2큰술
- 고춧가루 2큰술 • 맛술 3큰술

❶ 양파는 깍둑 썰기 합니다.

❷ 프라이팬에 식용유를 두르고 달군 뒤 닭 다리살을 껍질 부분부터 노릇하게 굽습니다.

❸ 구운 닭 다리살을 먹기 좋은 크기로 썰어줍니다.

❹ 떡볶이 떡과 양파를 넣고 3분간 볶습니다.

❺ 분량의 재료로 만든 양념장을 넣고 중간 불에서 1분, 중약불에서 2~3분 더 볶습니다.

NOTE 남은 양념에 면을 넣어 볶아 먹거나 볶음밥을 만들어 먹어도 맛있어요.

콩없는콩국수 20분 소요 | 난이도 하 | 냉장 5일 이내

여름만 되면 생각나는 콩국수! 콩을 직접 삶아서 만들어 먹기에는 부담스럽죠. 콩이 없어도 마트에서 쉽게 구할 수 있는 재료로 손쉽게 만들어보세요.

재료

- 두부 1모
- 두유 2개
- 중면 2인분
- 오이 ½개
- 삶은 달걀 1개
- 통깨 1 + ½큰술
- 소금 1큰술

양념

- 소금 ½큰술
- 설탕 ½큰술

❶ 두부는 끓는 물에 2분간 데칩니다.

❷ 데친 두부는 찬물에 담가 식힙니다.

❸ 믹서에 두부 1모, 두유 2개, 통깨 1큰술, 소금 1큰술을 넣고 갈아줍니다.

❹ 중면은 끓는 물에서 4분간 삶습니다.

❺ 삶은 중면은 찬물에 헹굽니다.

❻ 그릇에 중면을 담고 ③의 갈아놓은 두부우유를 넣습니다.

❼ 고명으로 채 썬 오이, 삶은 달걀을 올리고 통깨 ½큰술을 뿌립니다.

❽ 기호에 맞게 설탕, 소금을 넣어 완성합니다.

NOTE 콩국수에는 소면보다 조금 더 도톰한 중면이 더 잘 어울려요.

콩나물냉국 10분 소요 | 난이도 하 | 냉장 7일 이내

닭발 먹을 때 딸려 나오는 콩나물냉국은 유난히 맛있는 것 같아요. 더운 여름에는 뜨끈한 콩나물국 대신 시원한 콩나물국을 추천합니다. 시원한 국물에 아삭한 콩나물이 매력적인 콩나물냉국을 먹어보세요.

재료

- 콩나물 300g
- 멸치 국물 팩 1개
- 대파 1대
- 청양고추 3개
- 오이 1개
- 물 4컵(720ml)

양념

- 국간장 2큰술
- 참치액젓 1큰술
- 다진 마늘 1큰술
- 소금 ⅓큰술

❶ 냄비에 물을 부어 멸치 국물 팩을 넣고 끓여 멸치 국물을 만듭니다.

❷ 콩나물은 흐르는 물에 깨끗이 씻습니다.

❸ 오이는 얇게 채 썰어줍니다.

❹ 대파는 0.5cm, 청양고추는 0.3cm 두께로 썰어줍니다.

❺ 국물이 팔팔 끓으면 콩나물을 넣고 중간 불에서 3분간 끓입니다.

❻ 대파, 청양고추, 다진 마늘 1큰술, 국간장 2큰술, 참치액젓 1큰술, 소금 ⅓큰술을 넣고 2분간 더 끓입니다.

❼ 잠시 식힌 뒤 큰 볼에 국을 모두 담고 랩을 씌워 냉장고에 보관합니다.

❽ 시원해진 콩나물국을 그릇에 담고 오이를 올립니다.

3만원 일주일 집밥

다진 돼지고기를 활용한

일주일 식단 계획표

다진 돼지고기는 볶음밥, 솥밥, 덮밥소스로 다양하게 활용할 수 있어요. 그중 여름 토마토를 곁들여 만든 메뉴와 언제나 인기 많은 미니가스 등을 소개합니다. 더운 여름에 불 앞에서 요리하느라 지치지 않도록 빠르고 간단하게 만들 수 있는 메뉴로 구성했습니다.

※ 연출된 이미지로 실제와 다를 수 있습니다.

TOTAL 3만 원

밀키트 재료 준비하기

주재료	부재료	양념
☑ 미나리 300g	☐ 김밥용 김 3장	☐ 소금
☐ 스팸 200g	☐ 청양고추 1개	☐ 참기름
☐ 우동 면 1개	☐ 홍고추 1개	☐ 통깨
☐ 표고버섯 10개	☐ 대파 4대	☐ 연겨자
☐ 소면 2인분	☐ 양파 2개	☐ 식초
☐ 토마토 1개	☐ 마늘 6톨	☐ 설탕
☐ 다진 돼지고기 600g	☐ 쌀뜨물 2 + ½컵	☐ 진간장
☐ 달걀 6개		☐ 된장
☐ 콩나물 200g		☐ 참치액젓
☐ 어묵 5장		☐ 고춧가루
☐ 톳 400g		☐ 카레가루
☐ 순두부 1봉		☐ 다진 마늘
☐ 두부 1모		☐ 맛술
☐ 애호박 1개		☐ 식용유
☐ 밥 3공기		☐ 굴소스
☐ 불린 쌀 4컵		☐ 올리고당
		☐ 밀가루
		☐ 빵가루
		☐ 토마토케첩
		☐ 들기름
		☐ 후춧가루

30분 만에 완성

밀키트 재료 손질하기

start!

미나리

- 미나리는 깨끗이 씻어 200g은 12cm 길이로 썰어줍니다.
- 나머지 100g은 줄기 부분을 잘게 썰어줍니다.

스팸

- 스팸은 1cm 두께로 잘게 썰어줍니다.

어묵

- 어묵 5장은 1cm 길이로 잘게 썰어줍니다.

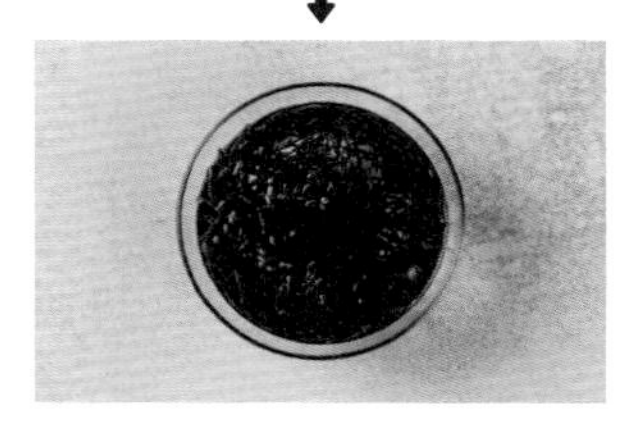

톳

- 톳은 흐르는 물에 깨끗이 씻고 찬물에 30분간 담가둔 뒤 잘게 썰어줍니다.

표고버섯

- 표고버섯 2개는 0.3cm 두께로 썰어줍니다.
- 표고버섯 4개는 0.5cm 두께로 썰어줍니다.
- 4개는 잘게 다집니다.

애호박

- 0.4cm 두께로 잘게 썰어줍니다.

마늘

- 얇게 편 썰어줍니다.

콩나물

- 깨끗이 헹궈 밀폐 용기에 넣고 생수에 담가 보관합니다.

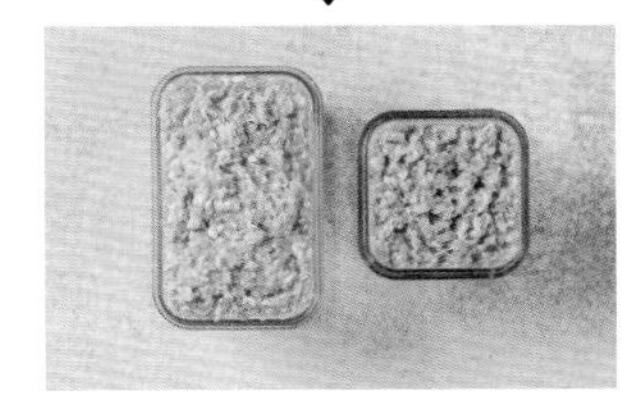

다진 돼지고기

- 200g(냉장), 400g(냉동)으로 소분합니다.

공용

양파

- ½개는 0.4cm 두께로 썰어줍니다.
- 1 + ½개는 잘게 썰어줍니다.

대파

- 1 + ½대는 잘게 다지고 2대는 0.3cm 두께로 썰어 보관합니다.
- 나머지 ½대는 0.5cm 두께로 썰어 보관합니다.

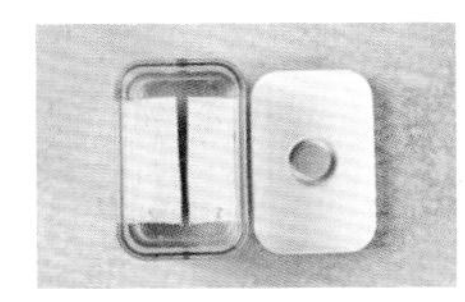

두부

- 두부 1모는 생수에 담가 보관합니다.

※ 각 과정의 이미지는 참고용으로 실제와 다를 수 있습니다. 반드시 설명을 읽고 따라 하십시오.

재료 보관
손질 재료 소분하기

· 12cm 길이로 썬 미나리 200g
· 1cm 두께로 썬 스팸 200g
· 우동 면 1개
· 0.3cm 두께로 썬 표고버섯 2개와 대파 1대(공용 재료)

· 토마토 1개
· 다진 돼지고기 200g
· 0.5cm 두께로 썬 대파 ½대(공용 재료)

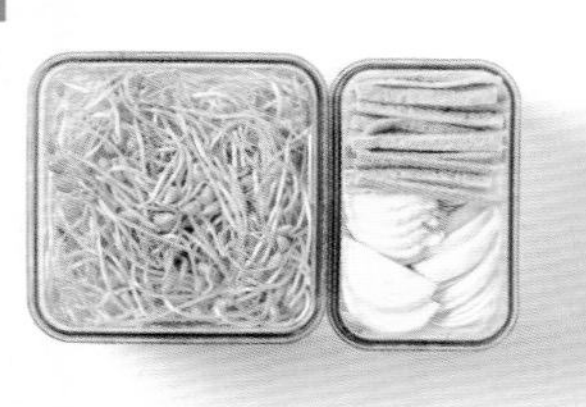

· 콩나물 200g(생수에 담가 보관)
· 0.4cm 두께로 썬 양파 ½개(공용 재료)
· 1cm 길이로 썬 어묵 5장
· 0.3cm 두께로 썬 대파 1대(공용 재료)

· 잘게 썬 톳 400g과 대파 ½대(공용 재료)와 양파 ½개(공용 재료)
· 0.5cm 두께로 썬 표고버섯 4개
· 순두부 1봉

※ 각 과정의 이미지는 참고용으로 실제와 다를 수 있습니다. 반드시 설명을 읽고 따라 하십시오.

- 두부 1모(공용 재료)
- 다진 돼지고기 400g(냉동 보관)
- 잘게 다진 양파 ½개(공용 재료)와 대파 1대(공용 재료)
- 잘게 다진 표고버섯 4개

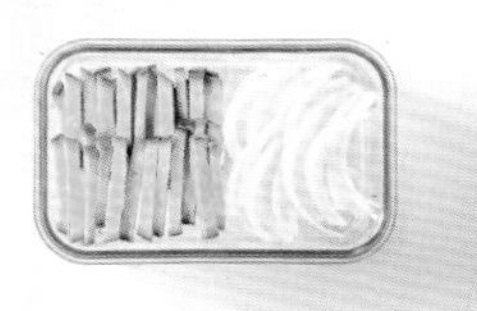

- 0.4cm 두께로 썬 양파 ½개(공용 재료)
- 0.4cm 두께로 썬 애호박 1개

- 잘게 다진 미나리 100g
- 얇게 편 썰어놓은 마늘 6톨

공용

- 0.4cm 두께로 썬 양파 ½개와 잘게 썬 양파 1 + ½개
- 다진 대파 1 + ½대와 0.3cm 두께로 썬 대파 2대, 0.5cm 두께로 썬 대파 ½대
- 두부 1모(생수에 담가 보관)

미나리스팸김밥

30분 소요 | 난이도 하 | 냉장 7일 이내

미나리의 향긋함을 김밥에 담아봤어요. 연겨자소스와 함께 먹는 것이 포인트예요. 김밥 치고는 속 재료가 간단하지만 맛은 정말 훌륭해요.

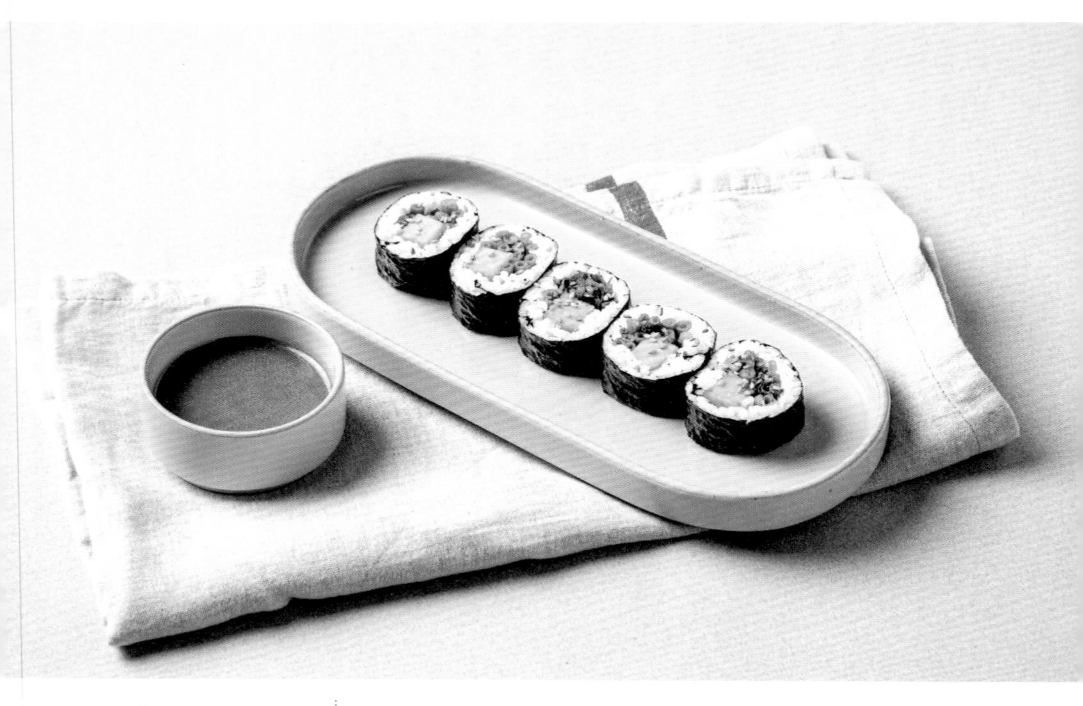

재료

- 김밥 김 3장
- 미나리 200g
- 스팸 200g
- 밥 2공기

양념

- 소금 ½큰술
- 참기름 2큰술
- 통깨 1큰술
- 연겨자소스(연겨자 2큰술, 물 3큰술, 식초 1큰술, 설탕 1큰술, 진간장 ½큰술)

❶ 미나리는 깨끗이 씻어 12cm 길이로 썰어줍니다.

❷ 따뜻한 밥 2공기, 소금 ½큰술, 참기름 2큰술, 통깨 1큰술을 넣고 섞습니다.

❸ 김밥 김은 가로, 세로 한 번씩 접어 4등분합니다.

❹ 스팸은 1cm 두께로 김밥 김 길이와 동일하게 썰어줍니다.

❺ 프라이팬에 스팸을 노릇하게 굽습니다.

❻ 김밥 김 위에 ②의 양념한 밥 1 + ½큰술을 얇게 펴줍니다.

❼ 스팸과 미나리를 적당히 넣고 돌돌 말아줍니다.

❽ 연겨자소스를 찍어 먹습니다.

NOTE 미나리는 7~8줄 정도 올려서 말아주는 것이 딱 적당해요.

된장우동

10분 소요 | 난이도 하 | 냉장 7일 이내

구수한 된장 국물에 쫄깃한 우동 면이 너무 잘 어울려요. 유부, 바지락, 채소 등 어떠한 재료든 같이 넣어 끓여 먹으면 더 든든하죠. 김밥만 먹으면 텁텁하니 뜨끈한 된장우동과 함께해보세요.

재료

- 우동 면 1개
- 표고버섯 2개
- 대파 1대
- 쌀뜨물 2 + ½컵(450ml)

양념

- 된장 2큰술
- 참치액젓 1큰술
- 고춧가루 1큰술

❶ 표고버섯, 대파는 0.3cm 두께로 얇게 썰어줍니다.

❷ 우동 면은 뜨거운 물에 가볍게 헹궈서 체에 밭쳐줍니다.

❸ 냄비에 쌀뜨물을 넣고 된장 2큰술, 참치액젓 1큰술을 넣고 팔팔 끓입니다.

❹ 우동 면, 표고버섯, 대파를 넣고 3분간 끓입니다.

❺ 그릇에 담고 고춧가루 1큰술, 대파 약간을 올려 완성합니다.

NOTE · 4번 과정에서 유부를 같이 넣어도 맛있어요.
· 표고버섯 말고 다른 버섯을 활용해도 좋아요.

토마토카레솥밥

30분 소요 | 난이도 하 | 냉장 3일 이내

이것저것 넣은 솥밥은 한 그릇에 영양을 듬뿍 담을 수 있어 간편한 영양식으로 아주 훌륭한 메뉴예요. 토마토는 익혀서 먹으면 영양분이 더 잘 흡수된다고 해요. 은은한 카레 향과 함께 즐겨보세요.

재료

- 토마토 1개
- 카레가루 2큰술
- 불린 쌀 2컵(180ml)
- 대파 ½대
- 다진 돼지고기 200g
- 식용유 2큰술
- 물 2컵(180ml)
- 진간장 2큰술

간장양념

- 진간장 4큰술
- 고춧가루 ½큰술
- 설탕 ½큰술
- 다진 마늘 ½큰술
- 참기름 1큰술 • 통깨 1큰술

❶ 대파는 0.5cm 두께로 썰어줍니다.

❷ 쌀 2컵은 물에 30분간 불립니다.

❸ 토마토는 꼭지를 떼고 밑부분에 십자 칼집을 냅니다.

❹ 프라이팬에 식용유를 두르고 중간 불에서 대파를 3분간 볶습니다.

❺ 돼지고기를 넣고 볶다가 진간장 2큰술을 넣고 5분간 더 볶습니다.

❻ 불린 쌀은 전기밥솥에 안치고 물 2컵, 카레가루 2큰술을 넣어 섞어줍니다.

❼ 볶은 돼지고기를 넣고 골고루 펼칩니다.

❽ 가운데에 토마토를 칼집 낸 부분이 위로 오게 올리고 30분간 밥을 짓습니다.

❾ 분량의 재료로 만든 간장양념장에 비벼 먹습니다.

NOTE 8번 과정에서 다진 돼지고기를 볶고, 자투리 채소를 같이 넣어 볶아서 활용해도 좋아요.

간장달걀덮밥

10분 소요 | 난이도 하 | 냉장 7일 이내

어릴 적 엄마가 늘 해주던 간장달걀밥은 추억의 음식이에요. 간장달걀밥의 업그레이드 버전으로 덮밥처럼 만들어 먹을 수 있어요. 다진 마늘을 넣어 늘 먹던 간장달걀밥과는 다른 매력이 있죠.

재료

- 달걀 4개
- 대파 1대
- 식용유 3큰술
- 참기름 1큰술
- 통깨 ½큰술
- 밥 1공기

양념장

- 진간장 2큰술
- 맛술 1큰술
- 물 4큰술
- 설탕 1큰술
- 다진 마늘 1큰술

❶ 대파는 0.3cm 두께로 썰어줍니다.

❷ 팬에 식용유를 두르고 중간 불에서 대파를 3분간 볶습니다.

❸ 달걀 4개를 깨 넣고 프라이하듯 익힙니다.

❹ 뚜껑을 덮고 약한 불에서 1분간 익힙니다.

❺ 분량의 양념장 재료를 모두 넣고 뚜껑을 덮고 약한 불에서 4분간 익힙니다.

❻ 따뜻한 밥 위에 달걀을 올립니다.

❼ 참기름 1큰술, 통깨 ½큰술을 올립니다.

콩나물어묵볶음

10분 소요 | 난이도 하 | 냉장 5일 이내

밥반찬 중에서 빠질 수 없는 콩나물어묵볶음이에요. 콩나물을 따로 삶지 않고 프라이팬 하나로 볶아서 만들 수 있는 레시피를 소개할게요. 갓 만들어서 따뜻할 때 먹어도 맛있고 냉장 보관해서 먹어도 매력 있어요.

재료

- 콩나물 200g
- 어묵 5장
- 양파 ½개
- 식용유 3큰술
- 통깨 1큰술

양념장

- 고춧가루 2큰술
- 참치액젓 2큰술
- 굴소스 1큰술
- 올리고당 2큰술
- 맛술 2큰술
- 다진 마늘 1큰술
- 물 1 + ½큰술

❶ 양파는 0.4cm 두께로 썰어줍니다.

❷ 콩나물은 흐르는 물에 씻습니다.

❸ 어묵은 1cm 두께로 길게 썰어줍니다.

❹ 어묵은 뜨거운 물을 부어 기름기를 뺍니다.

❺ 프라이팬에 식용유를 두른 다음 중간 불에서 양파와 어묵을 3분간 볶습니다.

❻ 콩나물과 분량의 양념장 재료를 모두 넣고 중간 불에서 5분간 볶습니다.

❼ 마지막으로 통깨를 넣고 섞어줍니다.

NOTE 콩나물을 익히는 정도는 취향에 따라 중간 불에서 2~3분 간격으로 조절하세요.

톳표고버섯밥 30분 소요 | 난이도 하 | 냉장 5일 이내

염장으로 포장된 톳은 마트에서 쉽게 접할 수 있어요. 오독하게 씹히는 톳은 식감이 너무 재미있죠. 톳과 표고버섯으로 만든 밥은 영양가가 가득해 몸에도 좋아요.

재료

- 톳 400g
- 불린 쌀 2컵(180ml)
- 표고버섯 4개
- 들기름 2큰술
- 진간장 2큰술
- 맛술 1큰술
- 다진 마늘 ½큰술
- 물 2컵(180ml) + 3큰술

간장양념

- 진간장 4큰술
- 고춧가루 ½큰술
- 설탕 ½큰술
- 다진 마늘 ½큰술
- 참기름 1큰술
- 통깨 1큰술

❶ 표고버섯은 0.5cm 두께로 썰어줍니다.

❷ 염장 톳은 흐르는 물에 서너 번 헹궈 30분간 물에 담가둡니다.

❸ 톳은 잘게 썰어줍니다.

❹ 프라이팬에 들기름 1큰술을 두르고 톳과 진간장 1큰술, 맛술 1큰술, 다진 마늘 ½큰술을 넣고 중간 불에서 3분간 볶습니다.

❺ 톳은 건져내고 다시 프라이팬에 들기름 1큰술을 둘러 표고버섯을 1분간 볶고 진간장 1큰술, 물 3큰술을 넣어 2분간 볶습니다.

❻ 전기밥솥에 불린 쌀 2컵, 톳, 표고버섯, 물 2컵을 넣고 30분간 밥을 짓습니다.

❼ 취사가 완료되면 골고루 섞어 분량의 재료로 만든 간장양념에 비벼 먹습니다.

순두부찜

20분 소요 | 난이도 하 | 냉장 3일 이내

부드러운 순두부에 짭조름한 양념장을 올려서 간단하게 전자레인지에 돌리면 한 그릇 뚝딱이에요.

재료

- 순두부 1봉

양념장

- 고춧가루 2큰술
- 진간장 2큰술
- 참치액젓 1큰술
- 맛술 1큰술
- 잘게 썬 대파 ½대
- 잘게 썬 양파 ½개
- 청양고추 1개
- 홍고추 1개
- 다진 마늘 ½큰술
- 통깨 1큰술
- 참기름 1큰술

❶ 순두부는 반으로 썰어 1개씩 그릇에 담습니다.

❷ 순두부를 2cm 두께로 썰어줍니다.

❸ 대파와 양파, 청양고추, 홍고추는 잘게 다집니다.

❹ 분량의 재료로 만든 양념장에 ③을 넣고 잘 섞어줍니다.

❺ ②에 ④를 모두 끼얹고 랩을 씌워서 전자레인지 3분간 돌려 완성합니다.

NOTE 참치액젓 대신 간장, 연두 등 액상 조미료를 넣어도 좋아요.

두부버섯(다짐육)미니가스

30분 소요 | 난이도 중 | 냉동 1개월 내

냉동식품으로 많이 사 먹는 미니 돈가스! 집에서 만들면 저렴한 비용으로 더 맛있고 건강하게 만들 수 있어요. 수제니까 두께도 내 취향대로 하는 재미! 냉동 보관해서 반찬으로 꺼내 먹기에도 좋아요.

재료

- 두부 1모
- 양파 ½개
- 대파 1대
- 표고버섯 4개
- 달걀 2개
- 다진 돼지고기 400g
- 식용유 800ml
- 밀가루 200g
- 빵가루 200g

양념

- 다진 마늘 1큰술
- 빵가루 또는 밀가루 2큰술
- 소금 ⅓큰술
- 후춧가루 ⅓큰술

❶ 두부는 으깨고 키친타월로 물기를 제거합니다.

❷ 양파, 대파, 버섯은 잘게 다집니다.

❸ 팬에 식용유를 약간 두르고 대파와 양파를 3분간 중간 불에서 볶습니다.

❹ 표고버섯과 두부를 넣고 5분간 더 볶습니다.

❺ 볶은 재료를 용기에 담아 식힙니다.

❻ 충분히 식힌 속 재료에 다진 돼지고기와 다진 마늘 1큰술, 빵가루 또는 밀가루 2큰술, 소금·후춧가루를 넣고 골고루 섞어줍니다.

❼ 미니 돈가스 모양으로 만듭니다.

❽ 밀가루-달걀물-빵가루 순으로 입혀줍니다.

❾ 냄비에 식용유를 붓고 중간 불에서 예열한 뒤 튀겨 완성합니다.

❿ 완성된 미니가스의 ½은 냉동 보관하고 나머지는 기호에 맞는 소스를 곁들여 먹습니다.

NOTE 모든 재료의 물기를 최대한 제거해야 밀도가 높아져 맛있게 튀길 수 있어요.

간장비빔국수

10분 소요 | 난이도 하 | 냉장 7일 이내

입맛은 없고 무엇을 먹어야 할지 생각나지 않을 때 간단하게 만들기 딱 좋은 메뉴예요. 짭조름하면서 고소하고 살짝 달큰한 맛에 계속해서 입으로 술술 들어가게 될 거예요.

재료

- 소면 2인분
- 양파 ½개
- 애호박 1개

간장양념

- 진간장 3큰술
- 다진 마늘 ½큰술
- 맛술 1큰술
- 설탕 1큰술
- 참기름 3큰술
- 통깨 1큰술

❶ 양파와 애호박은 0.4cm 두께로 채 썰어줍니다.

❷ 소면은 끓는 물에서 2분간 끓이다가 애호박, 양파를 넣고 1분 30초 더 끓입니다.

❸ 끓인 소면은 찬물에 헹굽니다.

❹ 분량의 재료로 만든 간장양념을 올려 섞어 먹습니다.

미니가스강정 10분 소요 | 난이도 하 | 냉장 3일

만들어서 냉동 보관해둔 미니가스를 꺼내 새콤달콤한 소스로 버무려 먹는 것도 별미!

재료

- 두부버섯(다짐육)미니가스

양념장

- 설탕 1큰술
- 올리고당 2큰술
- 간장 1큰술
- 토마토케첩 4큰술
- 다진 마늘 ½큰술
- 물 7큰술
- 통깨 1큰술

❶ 두부버섯미니가스를 바삭하게 튀깁니다.

❷ 프라이팬에 분량의 양념장 재료를 모두 넣고 중약불에서 살짝 끓입니다.

❸ 끓기 시작하면 미니버섯가스를 넣고 1분간 볶습니다.

NOTE 칠리소스가 있다면 토마토케첩 2큰술, 칠리소스 2큰술을 넣어 만들면 색다른 칠리소스로 즐길 수 있어요.

미나리마늘볶음밥

10분 소요 | 난이도 하 | 냉장 7일 이내

미나리가 있으면 저는 무조건 볶음밥을 해 먹어요. 향긋한 미나리와 노릇하게 구운 마늘로 간단하게 볶음밥을 만들어보세요. 숟가락을 놓지 못하게 하는 중독성 있는 볶음밥이에요.

재료

- 미나리 100g
- 마늘 6톨
- 찬밥 1공기
- 식용유 2큰술

양념

- 굴소스 2큰술
- 참기름 1큰술

❶ 미나리는 줄기 부분을 잘게 썰어줍니다.

❷ 마늘은 얇게 편 썰어줍니다.

❸ 팬에 식용유를 두르고 중간 불에서 마늘을 노릇하게 3분간 볶습니다.

❹ 미나리를 넣고 중간 불에서 1분간 볶습니다.

❺ 찬밥을 넣고 굴소스 2큰술을 넣어 골고루 볶습니다.

❻ 마지막으로 참기름 1큰술을 두르고 볶습니다.

NOTE 굴소스 1큰술에 돈가스소스 또는 스테이크소스 2큰술을 넣고 같이 볶아 먹어도 맛있어요.

5만 원 일주일 집밥

더운 여름 입맛을 살려줄 매콤 시원

일주일 식단 계획표

이번 밀키트에는 어렵지 않게 구할 수 있는 식재료로 다양하게 먹을 수 있는 알찬 메뉴를 담았습니다. 여름에 꼭 먹어야 하는 냉국수, 오이미역냉국, 묵은지참치말이로 더운 여름 입맛이 돌아오게 할 수 있어요. 2·4일 차에 사용하는 오징어는 손질된 냉동 오징어로 구입하면 요리하기 더욱 수월해요.

※ 연출된 이미지로 실제와 다를 수 있습니다.

TOTAL 5만 원

밀키트 재료 준비하기

주재료	부재료	양념
☑ 두부 1모	☐ 김치 ¼포기	☐ 된장
☐ 새송이버섯 3개	☐ 대파 4대	☐ 다진 마늘
☐ 양배추 ½개	☐ 양파 3개	☐ 고춧가루
☐ 오징어 2마리	☐ 청양고추 8개	☐ 통깨
☐ 콩나물 200g	☐ 묵은지 6장	☐ 식용유
☐ 어묵 6장	☐ 멸치 국물 팩 1개	☐ 진간장
☐ 냉면 육수 2봉		☐ 올리고당
☐ 닭 가슴살 1장		☐ 맛술
☐ 소면 2인분		☐ 고추장
☐ 오이 2 + ½개		☐ 후춧가루
☐ 감자 6개		☐ 참치액젓
☐ 다진 소고기 200g		☐ 연겨자
☐ 참치 캔 2개		☐ 국간장
☐ 건미역 1인분		☐ 들기름
☐ 스팸 1개		☐ 올리브 오일
☐ 깻잎 10장		☐ 마요네즈
☐ 밥 2공기		☐ 식초
		☐ 설탕
		☐ 소금
		☐ 매실액
		☐ 참기름

30분 만에 완성

밀키트 재료 손질하기

start!

새송이버섯

- 새송이버섯 1개는 잘게 다져줍니다.
- 2개는 1cm 두께로 썰어줍니다.

↓

양배추

- ¼은 잎을 떼어서 쌈용으로 깨끗이 씻습니다.
- 나머지 ¼은 얇게 채 썰어줍니다.

↓

오징어

- 오징어는 내장, 눈, 입을 제거하고 굵은소금으로 깨끗이 씻습니다.
- 1마리는 1cm 두께로 다집니다.
- 1마리는 먹기 좋은 크기로 썰어줍니다.

↓

스팸

- 스팸은 으깹니다.

↓

어묵

- 어묵 6장은 4cm 길이로 사각 썰기 합니다.

↓

깻잎

- 깻잎 10장은 0.5cm 두께로 채 썰어줍니다.

대파

• 대파 1대는 잘게 다집니다.
• 대파 1 + ½대는 1cm 길이로 썰어줍니다.
• 대파 1대는 3cm 길이로 썰어줍니다(흰 부분은 한번 더 길게 반으로 썰어줍니다).
• 대파 ½대는 0.5cm 두께로 어슷 썰어줍니다.

콩나물

• 깨끗이 헹궈 밀폐 용기에 넣고 생수에 담가 보관합니다.

다진 소고기

• 다진 소고기는 키친타월로 핏물을 한번 닦아내고 냉동 보관합니다.

양파

• 1개는 잘게 다지고 1개는 0.5cm 두께로 썰어줍니다.
• 1개는 깍둑 썰어 준비합니다.

청양고추

• 6개는 0.5cm 두께로 썰어줍니다.
• 2개는 0.3cm 두께로 썰어줍니다.

공용

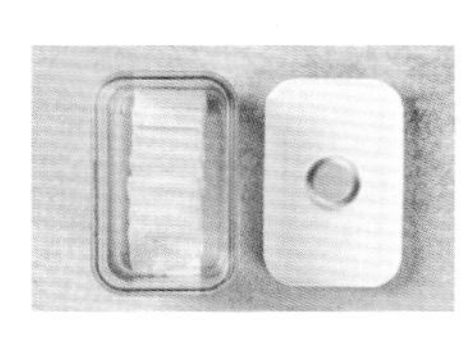

두부

• 두부는 반으로 나눕니다.
• ½모는 1~2cm 두께로 썰어, 나머지는 그대로 생수에 담가 보관합니다.

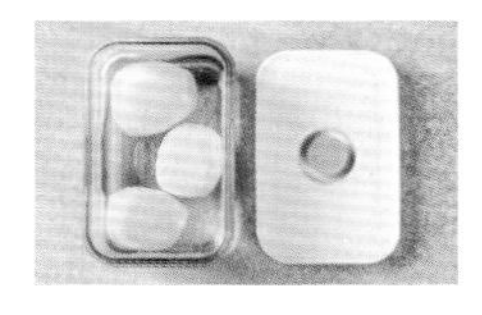

감자

• 감자는 껍질을 깎아서 생수에 담가 보관합니다.

※ 각 과정의 이미지는 참고용으로 실제와 다를 수 있습니다. 반드시 설명을 읽고 따라 하십시오.

재료 보관

손질 재료 소분하기

· 두부 ½모(공용 재료)
· 양배추 ¼개
· 잘게 다진 양파 ½개와 대파 1대
· 새송이버섯 1개
· 0.5cm 두께로 썬 청양고추 2개

화

· 손질해 먹기 좋게 썬 오징어 1마리(냉장 보관)
· 콩나물 200g(생수에 담가 보관)
· 사각 썰기 한 어묵 3장
· 3cm 길이로 썬 대파 1대
· 1cm 길이로 썬 대파 1대

· 닭 가슴살 1장
· 냉면 육수 2봉
· 채 썬 양배추 ¼개
· 오이 ½개

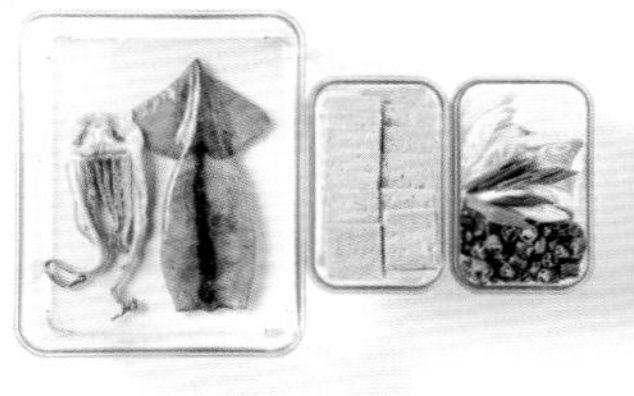

· 손질해 1cm 두께로 썬 오징어 1마리(냉동 보관)
· 감자 3개(공용 재료)
· 사각 썰기 한 어묵 3장
· 0.5cm 두께로 썬 양파 ½개
· 0.5cm 두께로 썬 청양고추 2개
· 0.5cm로 어슷썰기 한 대파 ½대

※ 각 과정의 이미지는 참고용으로 실제와 다를 수 있습니다. 반드시 설명을 읽고 따라 하십시오.

· 채 썬 깻잎 10장 · 다진 소고기 200g(냉동 보관)
· 2cm 두께로 썬 두부 ½모(공용 재료)
· 1cm 두께로 썬 새송이버섯 2개
· 잘게 썬 김치 ¼포기
· 0.5cm 두께로 썬 청양고추 2개
· 잘게 다진 양파 ½개와 0.5cm 두께로 썬 양파 ½개

토

· 묵은지 6장
· 참치 캔 2개

일

· 깨끗이 씻은 오이 2개
· 0.3cm 두께로 썬 청양고추 2개
· 으깬 스팸 1개
· 깍둑 썬 양파 1개
· 감자 3개(공용 재료)
· 1cm 두께로 썬 대파 ½대

공용

· 두부 ½모와 1~2cm 두께로 썬 두부 ½모(생수에 담가 보관)
· 껍질을 깎은 감자 6개(생수에 담가 보관)

두부강된장 20분 소요 | 난이도 하 | 냉장 4일 이내

원래 맛있는 강된장에 두부까지 넣어 고소함을 더하고 단백질을 채운 매력적인 쌈된장이에요. 두부가 있다면 꼭 한번 활용하는 메뉴이기도 하죠. 다양한 채소에 곁들여 먹어보는 것을 추천합니다.

재료

- 두부 ½모
- 대파 1대
- 양파 ½개
- 새송이버섯 1개
- 청양고추 2개
- 식용유 2큰술

양념

- 된장 3큰술
- 물 1 + ½컵(270ml)
- 다진 마늘 1큰술
- 고춧가루 2 + ½큰술
- 통깨 1큰술

❶ 대파, 양파, 새송이버섯은 잘게 다집니다.
❷ 청양고추는 0.5cm 두께로 썰어줍니다.
❸ 두부 ½모는 칼로 으깹니다.
❹ 뚝배기에 식용유를 두르고 대파, 양파, 버섯을 중간 불에서 3분간 볶습니다.
❺ 된장 3큰술을 넣고 살짝 볶습니다.
❻ 물 1 + ½컵, 다진 마늘 1큰술, 고춧가루 2 + ½큰술, 청양고추, 통깨 1큰술을 넣고 5분간 끓입니다.
❼ 으깬 두부를 넣고 10분간 더 끓입니다.

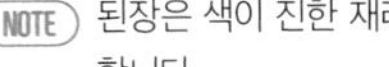

NOTE 된장은 색이 진한 재래식 된장을 추천하지만 없다면 일반 된장으로도 가능합니다.

양배추쌈 10분 소요 | 난이도 하 | 냉장 7일 이내

양배추는 강된장과 잘 어울리는 한 쌍이에요. 살짝 쪄서 달큰해진 양배추에 고소한 두부강된장과 밥을 같이 싸 먹으면 정말 맛있어요.

재료

- 양배추 ¼개
- 물 3큰술

❶ 양배추의 심지를 제거합니다.
❷ 바깥쪽 잎을 깨끗이 씻습니다.
❸ 전자레인지 용기에 양배추를 차곡차곡 담아 물 3큰술을 넣고 랩을 씌워 7분간 돌립니다.

NOTE · 양배추는 1장씩 떼어 익히면 골고루 부드럽게 익어요.
· 양배추는 안쪽보다 바깥쪽을 쌈으로 먹는 것이 좋습니다.

오징어콩나물비빔밥 30분 소요 | 난이도 중 | 냉장 5일 이내

매콤하게 볶은 오징어를 아삭한 콩나물과 함께 슥슥 비벼 먹으면 없던 입맛도 돌아오는 마성의 맛이 납니다. 다양한 채소를 넣으면 여름 하면 생각나는 열무비빔밥보다 더 맛있는 비빔밥이 완성됩니다.

재료

- 오징어 1마리
- 콩나물 200g
- 대파 1대
- 참기름 1큰술
- 통깨 1큰술
- 밥 1공기 • 식용유 3큰술

양념장

- 고추장 2 + ½큰술
- 다진 마늘 1큰술
- 고춧가루 1큰술
- 맛술 2큰술
- 진간장 1큰술
- 올리고당 2큰술
- 후춧가루 약간

❶ 오징어는 깨끗이 씻어 준비합니다.

❷ 먹기 좋게 한입 크기로 썰어줍니다.

❸ 대파는 1cm 길이로 썰어줍니다.

❹ 콩나물은 끓는 물에서 3분간 삶은 뒤 찬물에 헹궈줍니다.

❺ 프라이팬에 식용유를 두르고 대파를 볶습니다.

❻ 오징어를 넣고 3분간 볶습니다.

❼ 분량의 재료로 양념장을 만듭니다.

❽ 오징어에 양념장을 붓고 중약불에서 2분간 골고루 섞어줍니다.

❾ 따뜻한 밥 위에 볶은 오징어와 콩나물을 올립니다.

❿ 참기름 1큰술과 통깨 1큰술을 올려 완성합니다.

NOTE 오징어 간단 손질법 : ① 오징어 다리를 잡아당겨 내장과 뼈를 빼냅니다. ② 다리에 붙은 내장과 눈, 입을 가위로 잘라냅니다. ③ 흐르는 물에 굵은소금 또는 밀가루로 깨끗이 닦아줍니다.

어묵파국

10분 소요 | 난이도 하 | 냉장 5일 이내

매콤한 음식이 있을 때 곁들여 먹으면 딱 좋은 국이 바로 어묵국이죠. 어묵국만큼 쉬우면서도 감칠맛 나는 국도 없는 것 같아요.

재료

- 어묵 3장
- 대파 1대
- 물 4컵(720ml)
- 후춧가루 약간

양념

- 참치액젓 2큰술
- 다진 마늘 ½큰술

❶ 어묵은 4cm 길이로 사각 썰기 합니다.

❷ 대파는 3cm 길이로 썰어줍니다(흰 부분은 한번 더 길게 반으로 썰어줍니다).

❸ 냄비에 물과 대파를 넣고 5분간 끓입니다.

❹ 어묵, 다진 마늘을 넣고 참치액젓으로 간을 맞춥니다.

❺ 후춧가루를 살짝 뿌려 완성합니다.

NOTE 청양고추 또는 고춧가루 1큰술을 넣으면 얼큰하게 먹을 수 있어요.

닭가슴살냉국수

20분 소요 | 난이도 하 | 냉장 5일 이내

여름이 되면 매일 생각나는 냉국수! 닭 가슴살 고명까지 얹어 더욱 든든하게 먹을 수 있어요. 냉면 육수로 맛있고 간편하게 만들어보세요.

재료

- 소면 2인분
- 닭 가슴살 1장
- 냉면 육수 2봉
- 양배추 ¼개
- 오이 ½개
- 통깨 약간

양념

- 연겨자 1큰술
- 다진 마늘 1큰술
- 후춧가루 약간
- 맛술 2큰술

❶ 양배추, 오이는 0.3cm 두께로 얇게 채 썰어줍니다.

❷ 익힌 닭 가슴살은 잘게 찢어서 연겨자 1큰술, 다진 마늘 1큰술, 후춧가루 약간, 맛술 2큰술을 넣어 밑간합니다.

❸ 소면은 중간 불에서 3분 30초간 끓인 후 찬물에 헹굽니다.

❹ 그릇에 소면을 담고 고명으로 양배추, 오이, 닭 가슴살을 올립니다.

❺ 시원한 냉면 육수를 붓습니다.

❻ 얼음을 동동 띄우고 통깨를 살짝 뿌려 냅니다.

NOTE 냉면 육수는 냉동 보관한 후 식사하기 1시간 전쯤 상온에 꺼내두면 살얼음 동동 뜬 시원한 육수로 먹을 수 있어요.

얼큰오징어(어묵)감자국

20분 소요 | 난이도 중 | 냉장 5일 이내

장 본 재료를 활용해 만든 얼큰한 오징어국이에요. 오징어를 넣어 시원하고, 어묵과 감자까지 더해 더욱 든든한 한 끼를 먹을 수 있어요.

재료

- 감자 3개 • 오징어 1마리
- 대파 ½대
- 양파 ½개
- 어묵 3장
- 물 4컵(720ml)
- 멸치 국물 팩 1개
- 청양고추 2개

양념

- 고추장 ½큰술
- 고춧가루 2큰술
- 다진 마늘 1큰술
- 국간장 1큰술
- 참치액젓 1큰술
- 후춧가루 약간

❶ 냄비에 물 4컵과 멸치 국물 팩을 넣고 끓여 멸치 국물을 만듭니다.

❷ 감자는 4등분한 뒤 1cm 정도 두께로 썰어줍니다.

❸ 대파, 청양고추는 0.5cm 두께로 어슷썰기 합니다.

❹ 양파는 0.5cm 두께로 썰어줍니다.

❺ 어묵은 4cm 길이로 사각 썰기 합니다.

❻ 오징어는 1cm 두께로 썰어줍니다.

❼ ①의 국물에 감자와 대파, 양파를 넣고 5분간 끓입니다.

❽ 고추장 ½큰술, 고춧가루 2큰술, 다진 마늘 1큰술, 국간장 1큰술, 참치액젓 1큰술, 후춧가루 약간을 넣습니다.

❾ 오징어, 어묵도 함께 넣습니다.

❿ 청양고추를 넣고 5분간 팔팔 끓여 완성합니다.

소고기완자 & 두부조림

30분 소요 | 난이도 중 | 냉장 5일 이내

골라 먹는 재미가 있는 조림이에요. 레시피에 포함된 재료 외에도 냉장고에 있는 식재료를 같이 넣어보세요. 냉장고 파 먹기에도 좋아요. 깻잎무침과 함께 먹으면 더욱 맛있게 즐길 수 있어요.

재료

- 두부 ½모
- 새송이버섯 2개
- 다진 소고기 200g
- 김치 ¼포기
- 청양고추 2개
- 들기름 3큰술
- 물 2컵(360ml)

양념

- 소고기완자양념: 다진 마늘 1큰술, 다진 양파 ½개, 진간장 3큰술, 맛술 2큰술, 올리고당 1+½큰술, 소금 ⅓큰술, 후춧가루 약간
- 조림양념: 고춧가루 2큰술, 다진 마늘 1큰술, 참치액젓 2큰술

❶ 두부는 2cm 두께로 썰어줍니다.
❷ 새송이버섯은 먹기 좋은 크기로 썰어줍니다.
❸ 다진 소고기와 분량의 완자양념을 넣어 치댑니다.
❹ 동그랑땡 크기 정도로 빚습니다.
❺ 프라이팬에 들기름을 두르고 완자 겉면만 살짝 익힙니다.
❻ 두부도 함께 굽습니다.
❼ 잘게 썬 김치와 새송이버섯을 함께 올려 3분간 구워줍니다.
❽ 볼에 물 2컵, 분량의 재료로 만든 조림 양념을 넣고 섞어줍니다.
❾ ⑦에 양념을 모두 붓고 0.5cm 두께로 썰어 준 청양고추를 올려줍니다.
❿ 뚜껑을 덮고 5분간 팔팔 끓여 완성합니다.

곁들여 먹는 깻잎무침

5분 소요 | 난이도 하 | 냉장 7일 이내

소고기완자와 두부조림을 깻잎을 얇게 썰어 만든 향긋한 깻잎무침과 먹으면 정말 잘 어울려요.

재료

- 깻잎 10장
- 양파 ½개

양념

- 올리브 오일 2큰술
- 통깨 ½큰술
- 소금 약간

❶ 깻잎은 깨끗이 씻어 준비합니다.

❷ 깻잎을 0.5cm 두께로 얇게 채 썰어줍니다.

❸ 양파도 0.5cm 두께로 채 썰어줍니다.

❹ 볼에 모두 담아 올리브 오일 2큰술, 통깨 ½큰술, 소금 약간을 넣고 무쳐 완성합니다.

묵은지참치말이

10분 소요 | 난이도 하 | 냉장 7일 이내

김치의 변신은 무죄! 잘 익은 김치를 깨끗이 씻어내고 김밥처럼 참치마요를 넣어 돌돌 말아서 썰기만 하면 끝나는 요리예요. 김치를 넣어 느끼하지 않고, 아이들도 먹을 수 있어요.

재료

- 묵은지 6장
- 참치 캔 2개
- 참기름 1큰술
- 통깨 ½큰술
- 밥 1공기

양념

- 마요네즈 4큰술

❶ 묵은지는 물에 씻어 물기를 꽉 짜줍니다.

❷ 참치 캔은 기름을 체에 걸러 제거합니다.

❸ 기름 뺀 참치에 마요네즈 4큰술을 넣고 섞습니다.

❹ 도마에 묵은지를 1장씩 펼쳐 20cm 길이로 만들어줍니다.

❺ 밥을 빈틈없이 반만 올려 펼칩니다.

❻ 참치를 듬뿍 올려 돌돌 말아줍니다.

❼ 위에 참기름을 바르고 먹기 좋게 썰어 통깨를 뿌려 냅니다.

NOTE 취향에 따라 참치 캔과 마요네즈에 청양고추 또는 양파를 다져 넣거나 와사비를 넣어 먹어도 정말 맛있어요.

오이미역냉국

10분 소요 | 난이도 하 | 냉장 7일 이내

여름 하면 생각나는 오이미역냉국. 간단하게 만들 수 있는 데다 새콤달콤한 맛이 더위를 가라앉혀주기도 해요. 메인 반찬은 있는데 국이 없어 간편하고 빠르게 만들고 싶을 때 추천해요.

재료

- 건미역 1인분
- 오이 2개
- 청양고추 2개
- 물 600ml
- 통깨 약간

양념

- 다진 마늘 1큰술
- 설탕 3큰술
- 식초 6큰술
- 국간장 1큰술
- 참치액젓 2큰술
- 소금 약간

❶ 미역은 찬물에 10분간 불려줍니다.

❷ 불린 미역은 먹기 좋은 크기로 썰어줍니다.

❸ 오이와 청양고추는 0.3cm 두께로 잘게 썰어줍니다.

❹ 미역과 오이에 다진 마늘 1큰술, 설탕 3큰술, 식초 6큰술, 국간장 1큰술, 참치액젓 2큰술, 소금 약간을 넣고 버무려 밑간합니다.

❺ 그릇에 미역, 오이, 청양고추를 담은 후 물 600ml를 붓습니다.

❻ 얼음을 동동 띄워주고 통깨를 뿌려 완성합니다.

감자스팸짜글이

30분 소요 | 난이도 하 | 냉장 7일 이내

어릴 때 엄마가 자주 만들어주시던 반찬 중 하나예요. 처음 끓였을 때보다 두 세 번째 먹을 때 더 맛있는 마법의 찌개죠. 부드러운 감자에 입힌 빨간 양념을 밥에 슥슥 비벼 먹으면 밥도둑이 따로 없어요.

재료

- 감자 3개 • 양파 1개
- 스팸 1개 • 대파 ½대
- 식용유 2큰술

양념장

- 고추장 3큰술
- 고춧가루 2큰술
- 다진 마늘 1큰술
- 진간장 2큰술
- 올리고당 1큰술
- 설탕 ½큰술
- 매실액 1큰술
- 후춧가루 약간
- 물 3컵(540ml)

❶ 감자는 껍질을 깎아 깍둑썰기 합니다.

❷ 양파도 감자와 같은 크기로 썰어줍니다.

❸ 스팸은 일회용 비닐 팩에 넣어 으깹니다.

❹ 대파는 1cm 길이로 썰어줍니다.

❺ 냄비에 식용유를 두르고 대파를 3분간 볶습니다.

❻ 감자를 넣고 2분간 중간 불에서 볶습니다.

❼ 양파와 스팸을 넣고 2분간 더 볶습니다.

❽ 분량의 재료로 양념장을 만들어 냄비에 부어줍니다.

❾ 중간 불에서 10분, 중약불에서 15분간 한 번씩 저어가며 끓입니다.

NOTE 스팸 대신 돼지고기를 부위 상관없이 먹기 좋게 썰어서 넣어도 좋아요.

5만 원 일주일 집밥

채소 중독 밀키트

자극적인 맛이 당기지만 건강하게!

일주일 식단 계획표

자극적인 메뉴 몇 가지를 넣어봤어요. 맛은 자극적이지만 여러 채소를 활용해 건강까지 챙길 수 있는 식단이에요. 특히 제가 가장 좋아하는 훈제오리쪽파찜을 넣어봤어요. 담백한 맛이 오히려 강한 중독성을 부르는 메뉴랍니다. 한 주간 평소 알고 있던 식재료를 조금 더 특별하게 먹어보세요!

※ 연출된 이미지로 실제와 다를 수 있습니다.

TOTAL 5만 원

밀키트 재료 준비하기

주재료	부재료	양념
☑ 닭 1마리	☐ 양파 3 + ½개	☐ 토마토케첩
☐ 감자 3개	☐ 당근 ½개	☐ 진간장
☐ 당면 200g	☐ 대파 3대	☐ 설탕
☐ 두부 1모	☐ 청양고추 5개	☐ 굴소스
☐ 소시지 5개	☐ 방울토마토 5개	☐ 올리고당
☐ 훈제 오리 1팩	☐ 캔 옥수수 100g	☐ 다진 마늘
☐ 쪽파 ½단	☐ 파르메산 치즈 약간	☐ 맛술
☐ 골뱅이 1캔	☐ 우유 200ml	☐ 후춧가루
☐ 양배추 ½개	☐ 블랙 올리브	☐ 춘장(선택)
☐ 오이 1개		☐ 고추장
☐ 스파게티 면 100g		☐ 고춧가루
☐ 샐러드용 채소 60g		☐ 매실액
☐ 삶은 고구마순 500g		☐ 식초
☐ 달걀 6개		☐ 통깨
☐ 소면 2인분		☐ 발사믹 식초
☐ 순두부 1봉		☐ 마요네즈
☐ 꽈리고추 15개		☐ 올리브 오일
☐ 신라면 1봉		☐ 칠리소스
		☐ 부침가루
		☐ 소금
		☐ 식용유
		☐ 참기름

2

30분 만에 완성

밀키트 재료 손질하기

start!

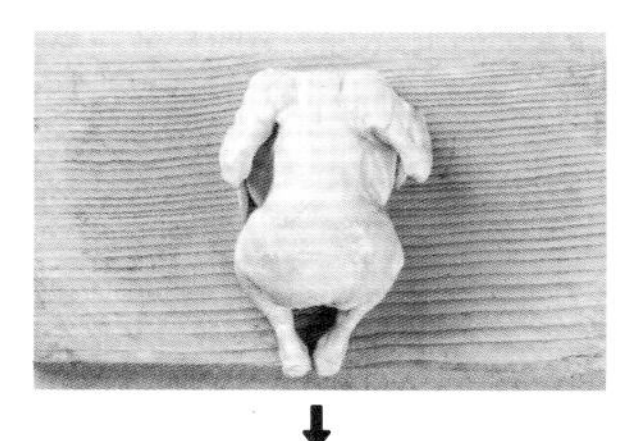

닭

- 흐르는 물에 깨끗이 헹궈 냉장 보관합니다.

양배추와 당근

- 양배추 ½개는 모두 얇게 채 썰어줍니다.
- 당근 ½개는 1cm 두께로 썰어줍니다.

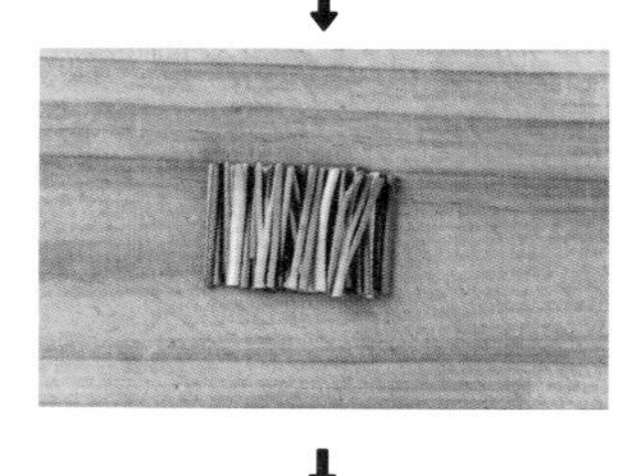

쪽파와 오이

- 쪽파는 뿌리를 제거하고 흐르는 물에 깨끗이 씻어 물기를 제거합니다.
- 준비한 쪽파의 ¾은 그대로 보관하고, 나머지는 4cm 길이로 썰어줍니다.
- 오이는 0.5cm 두께로 썰어줍니다.

꽈리고추와 청양고추

- 꽈리고추는 2cm 길이로 썰어줍니다.
- 청양고추는 3개는 0.4cm, 2개는 0.5cm 두께로 썰어줍니다.

양파

- ½개는 1cm 두께로 썰어줍니다.
- 2 + ½개는 0.5cm 두께로 썰어줍니다.
- ½개는 깍둑썰기 합니다.

소시지

• 3개는 1cm 길이로 썰어줍니다.
• 2개는 4cm 길이로 썰어줍니다.

고구마순

• 고구마순은 손질이 어려우니 삶은 고구마순으로 구매해도 좋아요. 그럴 경우, 2~3일 내로 조리할 것이 아니라면 흐르는 물에 씻어 물기가 약간 남아 있게 짠 다음 10cm 길이로 썰어 지퍼 백에 담아 냉동 보관합니다.

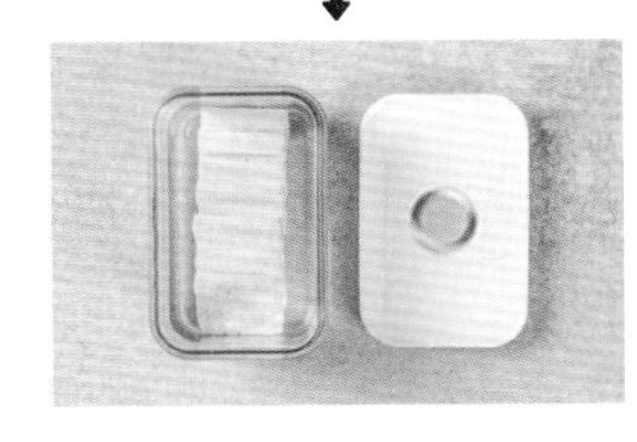

두부

• 두부 1모는 1cm 두께로 썰어 생수에 담가 보관합니다.

공용

감자

• 감자 3개는 껍질을 깎은 뒤 생수에 담가 보관합니다.

대파

• 2대는 0.4cm 두께로 얇게 채 썰어줍니다.
• 1대는 3cm 길이로 썰어줍니다.

※ 각 과정의 이미지는 참고용으로 실제와 다를 수 있습니다. 반드시 설명을 읽고 따라 하십시오.

재료 보관

손질 재료 소분하기

- 닭 1마리(개별 보관)
- 감자 1개(공용 재료)
- 1cm 두께로 썰어놓은 당근 ½개, 양파 ½개
- 0.4cm 길이로 썰어놓은 대파 1대
- 물에 불려놓은 당면 100g(물에 담가 보관)
- 0.4cm 두께로 썬 청양고추 3개

화

- 1cm 두께로 썬 두부 1모(생수에 담가 보관)
- 1cm 두께로 썬 소시지 3개
- 0.5cm 두께로 썬 양파 ½개
- 3cm 두께로 썬 대파 1대
- 물에 불려놓은 당면 100g(물에 담가 보관)

- 훈제 오리 1팩
- 쪽파 ½단
- 0.5cm 두께로 썬 양파 ½개
- 감자 2개(공용 재료)

- 채 썬 양배추 ¼개
- 0.5cm 두께로 썬 오이 1개
- 4cm 길이로 썬 쪽파 ¼단
- 0.5cm 두께로 썬 청양고추 2개
- 0.5cm 두께로 썬 양파 ½개
- 골뱅이 1캔

※ 각 과정의 이미지는 참고용으로 실제와 다를 수 있습니다. 반드시 설명을 읽고 따라 하십시오.

금

· 스파게티 면 100g
· 세척한 샐러드용 채소 60g
· 세척한 방울토마토 5개

토

· 고구마순 500g(냉동 보관)
· 순두부 1개
· 깍둑 썬 양파 ½개
· 2cm 길이로 썬 꽈리고추 15개
· 0.4cm 두께로 썬 대파 1대(공용 재료)

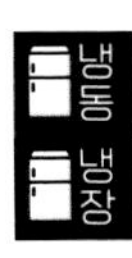

일

· 신라면 1봉
· 채 썬 양배추 ¼개
· 0.5cm 두께로 썬 양파 1개
· 4cm 길이로 썬 소시지 2개

공용

· 감자 3개(생수에 담가 보관)
· 0.4cm 두께로 얇게 채 썬 대파 2대와 3cm 길이로 썬 대파 1대

찜닭 30분 소요 | 난이도 중 | 냉장 3일 이내

닭으로 만들 수 있는 요리 하면 빠지지 않는 찜닭이에요. 춘장 또는 짜파게티가루를 넣으면 감칠맛이 배가되는 마법! 오늘 저녁에는 닭 1마리로 찜닭을 만들어보세요.

재료

- 닭 1마리 • 감자 1개
- 양파 ½개 • 당근 ½개
- 대파 1대 • 청양고추 3개
- 당면 100g • 식용유 3큰술
- 춘장 1큰술(선택)

양념장

- 물 500ml
- 진간장 8큰술
- 설탕 3큰술
- 굴소스 1 + ½큰술
- 올리고당 2큰술
- 다진 마늘 2큰술
- 맛술 3큰술
- 후춧가루 ⅓큰술

❶ 당면은 미지근한 물에 1시간 이상 불려둡니다.

❷ 감자, 당근, 양파는 1cm 두께로 썰어줍니다.

❸ 대파, 청양고추는 0.4cm 두께로 어슷썰기 합니다.

❹ 팬에 식용유를 두르고 닭을 껍질 부분부터 노릇하게 굽습니다(반 정도만 익힙니다).

❺ 냄비에 구운 닭고기와 양념장 재료를 넣고 끓입니다.

❻ 끓기 시작하면 감자, 양파, 당근을 넣고 10분간 끓입니다.

❼ 춘장 1큰술을 넣고 풀어서 5분간 끓입니다(생략 가능).

❽ 불려놓은 당면, 대파, 청양고추를 넣어 5분간 더 끓입니다.

NOTE
· 춘장은 찜닭의 색을 진하게 만들어주고, 감칠맛을 더해줘요.
· 춘장 대신 짜파게티가루 1큰술을 넣어도 좋아요.
· 설탕 대신 흑설탕을 넣으면 색이 더 진한 찜닭을 만들 수 있어요.

두부당면소시지조림

30분 소요 | 난이도 하 | 냉장 5일 이내

냉장고에 두부, 당면, 소시지가 있는데 무엇을 해 먹을지 고민이 될 때 만들기 좋은 초간단 찌개 같은 조림이에요. 부대찌개 느낌이 나는 얼큰한 조림을 만들어보세요.

재료

- 두부 1모
- 소시지 3개
- 양파 ½개
- 대파 1대
- 당면 100g

양념장

- 고추장 3큰술
- 진간장 3큰술
- 올리고당 2큰술
- 고춧가루 2큰술
- 매실액 1큰술
- 다진 마늘 2큰술
- 물 2컵(180ml)

❶ 당면은 미지근한 물에 1시간 이상 불려둡니다.

❷ 두부와 소시지는 1cm 두께로 썰어줍니다.

❸ 양파는 0.5cm 두께로 썰어줍니다.

❹ 대파는 3cm 길이로 썰어줍니다.

❺ 팬에 양파-두부-소시지-대파 순으로 깔아줍니다.

❻ 팬에 양념장 재료를 모두 넣고 중간 불에서 10분간 끓입니다.

❼ 당면을 넣고 5분간 더 끓여 완성합니다.

NOTE
· 쪽파 대신 부추를 사용해도 좋아요.
· 당면을 미리 불려놓지 못한 경우 끓는 물에 넣어 10분간 삶습니다.

훈제오리쪽파찜

20분 소요 | 난이도 하 | 냉장 7일 이내

세상에서 제일 간단한 요리예요. 재료만 준비해서 찌기만 하면 끝나거든요. 쪄낸 쪽파와 구운 감자, 양파에 훈제 오리를 싸 먹으면 순식간에 다 먹어치울 수 있어요. 간단한 조리에 비해 너무 맛있어서 꼭 먹어보길 추천합니다.

재료

- 감자 2개
- 양파 ½개
- 훈제 오리 1팩
- 쪽파 ½단

❶ 감자와 양파는 0.5cm 두께로 썰어줍니다.

❷ 쪽파는 흐르는 물에 깨끗이 씻어 물기를 털어둡니다.

❸ 팬에 양파-감자-훈제 오리 순으로 깔아줍니다.

❹ ③에 쪽파를 덮어줍니다.

❺ 뚜껑을 덮고 중간 불에서 10분간, 중약불에서 10분간 찝니다.

NOTE 칠리소스와 함께 먹으면 더욱 맛있어요.

골뱅이무침 20분 소요 | 난이도 하 | 냉장 5일 이내

골뱅이무침은 양념이 정말 중요한 메뉴 중 하나예요. 이 레시피를 평생 나만의 골뱅이무침 양념장으로 삼아도 좋아요. 감칠맛이 싹 돌면서 계속 당기는 새콤달콤한 맛이에요.

재료

- 골뱅이 1캔
- 양배추 ¼개
- 오이 1개 • 쪽파 ¼단
- 청양고추 2개 • 소면 2인분
- 양파 ½개

양념장

- 고춧가루 2큰술
- 고추장 2큰술
- 설탕 2큰술 • 매실액 2큰술
- 진간장 2큰술 • 식초 4큰술
- 골뱅이 국물 6큰술
- 다진 마늘 1큰술 • 통깨 약간
- 올리고당 1큰술
- 참기름 1큰술

❶ 양배추는 얇게 채 썰어줍니다.

❷ 오이, 청양고추, 양파는 0.5cm 두께로 썰어줍니다.

❸ 쪽파는 4cm 길이로 썰어줍니다.

❹ 골뱅이 국물은 6큰술 정도 남겨두고 골뱅이는 먹기 좋은 크기로 잘라줍니다.

❺ 소면도 끓는 물에 5분간 삶은 뒤 찬물에 헹굽니다.

❻ 볼에 양배추, 채소, 골뱅이를 모두 넣고 분량의 재료로 만든 양념장을 넣어 골고루 무칩니다.

❼ 소면은 끓는 물에서 5분간 삶은 뒤 찬물에 헹굽니다.

NOTE 사과도 함께 채 썰어 넣으면 더 맛있어요.

샐러드파스타

20분 소요 | 난이도 하 | 냉장 5일 이내

남편과 데이트하던 시절 처음 먹어본 샐러드파스타가 너무 맛있었어요. 여름이라 더위를 먹어 몸이 안 좋았는데, 샐러드파스타로 기운을 차린 기억이 납니다. 샐러드 같으면서 새콤달콤 든든한 파스타 먹고 기운 내세요.

재료

- 스파게티 면 100g
- 샐러드용 채소 60g
- 방울토마토 5개
- 블랙 올리브 5개
- 캔 옥수수 100g
- 파르메산 치즈 약간
- 소금 ½큰술

스파게티소스

- 다진 마늘 ½큰술
- 토마토케첩 ½큰술
- 칠리소스 1큰술
- 진간장 2큰술
- 발사믹 식초 3큰술
- 올리브 오일 4큰술

❶ 끓는 물에 소금 ½큰술을 넣고 스파게티 면을 6분간 삶습니다.

❷ 익은 스파게티 면은 찬물에 헹궈 접시에 담습니다.

❸ ②에 분량의 재료로 만든 소스를 반 정도 넣어 버무립니다.

❹ 채소, 방울토마토, 블랙 올리브, 캔 옥수수를 모두 올립니다.

❺ 남은 소스를 붓고 파르메산 치즈를 뿌려 마무리합니다.

NOTE 시중에 판매하는 오리엔탈 드레싱을 사용해도 좋아요.

고구마순두부찌개

20분 소요 | 난이도 하 | 냉장 5일 이내

순두부찌개와 고구마순이 만난 레시피예요. 제철인 여름에는 고구마순을 마트에서 쉽게 구할 수 있어요. 간편하게 삶은 고구마순으로 구입해 찌개로도 즐겨보는 것을 추천합니다.

재료

- 삶은 고구마순 500g
- 순두부 1봉
- 양파 ½개
- 대파 1대
- 다진 마늘 1큰술
- 달걀 1개
- 물 2컵(180ml)
- 식용유 5큰술

양념

- 진간장 2큰술
- 고춧가루 2 + ½큰술

❶ 고구마순은 흐르는 물에 깨끗이 씻어 준비합니다.

❷ 씻은 고구마순은 10cm 길이로 썰어줍니다.

❸ 양파는 깍둑썰기 하고 대파는 0.4cm 두께로 썰어줍니다.

❹ 냄비에 식용유를 두르고 대파와 다진 마늘 1큰술을 3분간 볶습니다.

❺ 중약불에서 고춧가루 2 + ½큰술을 넣고 2분간 볶아줍니다.

❻ 양파를 넣고 2분간 볶아줍니다.

❼ 물 2컵을 넣고 끓기 시작하면 고구마순을 넣습니다.

❽ 진간장 2큰술을 넣고 5분간 끓여줍니다.

❾ 순두부를 넣고 중약불에서 5분간 끓입니다.

❿ 달걀 1개를 풀어 넣은 뒤 뚜껑을 덮은 다음 5분간 끓입니다.

NOTE 껍질 있는 고구마순 손질법 : ① 윗부분을 잡고 살짝 꺾어 잡아당기면 껍질을 쉽게 벗길 수 있어요(살짝 데쳐서 까면 더 쉽게 깔 수 있어요). ② 끓는 물에 소금 1큰술과 고구마순을 넣고 8분간 삶아줍니다. ③ 삶은 고구마순은 찬물에 헹궈 열기를 뺍니다.

꽈리고추전

20분 소요 | 난이도 중 | 냉장 7일 이내

아삭한 꽈리고추는 전으로 만들어 먹어도 정말 맛있어요. 특별한 재료 없이 꽈리고추와 부침가루만 있으면 살짝 매콤하면서 아삭하고 부드러운 전을 만들 수 있어요.

재료

- 꽈리고추 15개
- 부침가루 1컵
- 소금 ⅓큰술
- 물 1컵(180ml)
- 식용유 5큰술

양념장

- 진간장 3큰술
- 식초 1큰술
- 통깨 약간
- 설탕 ½큰술
- 참기름 1큰술
- 고춧가루 1큰술

❶ 꽈리고추는 2cm 길이로 썰어줍니다.

❷ 썰어놓은 꽈리고추는 볼에 담아 부침가루 1컵, 물 1컵, 소금 ⅓큰술을 넣어 섞어줍니다.

❸ 팬에 식용유를 두르고 중간 불에서 앞뒤로 노릇하게 부쳐 냅니다.

❹ 분량의 재료로 만든 양념장에 찍어 먹습니다.

로제신라면 15분 소요 | 난이도 하 | 냉장 7일 이내

로제신라면은 SNS에서 핫했던 메뉴예요. 궁금해서 한번 만들어 먹어봤는데 꾸덕하면서 느끼하지 않고, 퓨전 요리가 당길 때 간단하게 만들기 좋겠더라고요. 신라면이 있다면 꾸덕하게 만들어 먹어보는 건 어떨까요.

재료

- 신라면 1봉
- 우유 200ml
- 달걀 1개
- 양파 1개
- 식용유 3큰술

❶ 양파는 0.5cm 두께로 썰어줍니다.

❷ 끓는 물에 라면 면을 넣어 70% 정도만 삶습니다.

❸ 삶은 면은 찬물에 헹굽니다.

❹ 팬에 식용유를 두르고 양파를 볶습니다.

❺ 우유, 라면 플레이크와 수프 ½봉을 넣고 2분간 끓입니다.

❻ 끓기 시작하면 삶은 면을 넣고 중간 불에서 3분, 중약불에서 3분간 더 끓여 살짝 졸여줍니다.

❼ 중약불로 줄이면서 달걀 1개를 톡 올려서 섞지 않고 그대로 익혀 완성합니다.

NOTE · 냉동 새우 또는 비엔나소시지를 4번 과정에서 같이 볶아도 좋아요.
· 치즈 1~2장을 같이 넣어 끓이면 더욱 꾸덕하게 먹을 수 있어요.

양배추핫도그 20분 소요 | 난이도 중 | 냉장 7일 이내

맛도 좋고 보기에도 너무 귀여운 양배추핫도그는 아이들 반찬으로도 훌륭해요.

재료

- 양배추 ¼개
- 소시지 2개
- 부침가루 1큰술
- 달걀 4개
- 소금 ⅓큰술
- 식용유 6큰술

양념

- 마요네즈 약간
- 토마토케첩 약간

❶ 양배추는 잘게 채 썰어 소금 1/3큰술을 넣고 15분간 절입니다.

❷ 소시지는 4cm 길이로 썰어줍니다.

❸ 부침가루 1큰술, 달걀물을 넣고 섞어줍니다.

❹ 팬에 식용유를 두르고 중약불에서 양배추 반죽을 2큰술 정도 올립니다.

❺ 가운데에 소시지를 넣고 반 정도 익으면 반으로 접어줍니다.

❻ 앞뒤로 잘 익혀서 접시에 담아 마요네즈, 토마토케첩을 뿌립니다.

NOTE 강한 불에서 조리하면 금방 타고 안은 안 익을 수 있어요. 중약불에서 천천히 익히면서 구워주세요.

1만원 일주일 집밥

제철
반찬

소고기고추다대기 30분 소요 | 난이도 하 | 냉장 7일 이내

며칠 동안 아파서 입맛이 없어 고추다대기를 밥에 살살 비벼 먹었더니 거짓말같이 입맛이 살아났어요. 매콤하면서 달큰 짭조름하고 소고기까지 들어 있어 더욱 든든해요. 입맛 없을 때 추천하는 반찬이에요.

재료

- 양파 1개
- 청양고추 15개
- 다진 소고기 300g
- 식용유 3큰술
- 다진 마늘 1큰술

양념

- 맛술 3큰술
- 진간장 2큰술
- 올리고당 2큰술
- 참치액젓 2큰술
- 통깨 약간

❶ 청양고추와 양파는 잘게 다집니다.

❷ 팬에 기름을 두르고 다진 양파, 다진 마늘 1큰술을 넣은 뒤 중간 불에서 3분간 볶습니다.

❸ 다진 소고기, 맛술 3큰술을 넣고 5분간 볶습니다.

❹ 진간장 2큰술, 올리고당 2큰술을 넣고 골고루 섞습니다.

❺ 다진 청양고추, 참치액젓 2큰술, 통깨를 넣어 중간 불에서 5분간 볶아 완성합니다.

코울슬로 20분 소요 | 난이도 하 | 냉장 5일 이내

계절에 상관없이 언제든 신선한 재료로 만들 수 있고, 밥반찬으로도 좋을 뿐 아니라 빵이랑도 잘 어울리는 반찬이에요. 특히 불 없이 금방 만들 수 있어 여름에 참 편리해요.

재료

- 양배추 ¼개
- 당근 1개
- 양파 ½개
- 캔 옥수수 100g

양념

- 마요네즈 4큰술
- 설탕 3큰술
- 소금 ½큰술
- 식초 3큰술

❶ 양배추, 당근, 양파는 잘게 다집니다.

❷ 캔 옥수수는 체에 걸러 물기를 제거합니다.

❸ 볼에 모든 재료를 담고 마요네즈 4큰술, 설탕 3큰술, 소금 ½큰술, 식초 3큰술을 넣어 버무립니다.

오이탕탕이 10분 소요 | 난이도 하 | 냉장 7일 이내

여름과 참 잘 어울리는 오이를 활용한 초간단 반찬이에요. 시원 아삭한 오이를 불을 쓰지 않고 탕탕 내려쳐 간단하게 무친 샐러드예요. 소박하면서도 간단하고 고급스러운 오이샐러드 반찬이에요.

재료

- 오이 2개
- 굵은소금 약간

양념장

- 소금 1큰술
- 설탕 2큰술
- 식초 2큰술
- 다진 마늘 2큰술
- 통깨 3큰술

❶ 오이는 굵은소금으로 껍질을 깨끗이 닦아줍니다.

❷ 오이의 양 끝을 자르고 칼등을 사용해서 표면을 긁어냅니다.

❸ 손질한 오이는 일회용 비닐 팩에 넣어 단단한 것으로 탕탕 내려쳐 먹기 좋은 크기로 조각을 내줍니다.

❹ 조각난 오이를 볼에 담고 분량의 재료로 만든 양념장을 모두 넣어 버무립니다.

고구마순김치 20분 소요 | 난이도 하 | 냉장 7일 이내

고구마순은 여름 제철 식재료에 빠지지 않을 만큼 다양한 요리로 활용할 수 있어요. 고구마순김치는 제가 먹은 고구마순 요리 가운데 간단하면서도 정말 맛있게 먹은 반찬 중 하나예요. 가격도 저렴하고 비타민이 풍부한 데다 아삭하고 맛있는 여름 반찬이죠.

재료

- 고구마순 500g
- 소금 1큰술

양념장

- 고춧가루 3큰술
- 다진 마늘 2큰술
- 참치액젓 3큰술
- 소금 ½큰술
- 매실액 4큰술

❶ 고구마순은 끓는 물에 소금 1큰술을 넣고 5분 정도 삶습니다.

❷ 끝부분을 뚝 부러뜨린 후 쭉 잡아당겨 껍질을 제거합니다.

❸ 껍질 벗긴 고구마순에 분량의 재료로 만든 양념장을 넣고 버무립니다.

NOTE 고구마순은 껍질을 벗겨야 부드럽게 먹을 수 있어요. 마트에서 간혹 껍질 벗기고 삶은 것을 판매하기도 하는데, 가격이 조금 더 비싼 편이에요. 시간을 내기 힘들다면 손질한 고구마순을 구입하는 것을 추천합니다.

흰목이버섯파인애플냉채 20분 소요 | 난이도 하 | 냉장 7일 이내

다소 생소한 반찬일 수도 있어요. 한정식집에서 먹어보고 반해서 흰목이버섯을 구입해 몇 번 만들어 먹은 레시피예요. 드디어 찾아낸 톡 쏘면서 시원하고 달달하며 맛있는 냉채 레시피를 소개합니다.

재료

- 말린 흰목이버섯 100g
- 파인애플 통조림(소) 1캔

소스

- 연겨자 60g
- 설탕 2큰술
- 소금 ⅓큰술
- 물 2컵(180ml)
- 식초 4큰술

❶ 말린 흰목이버섯은 물에 30분간 불립니다.

❷ 끓는 물에 1분간 데쳐 찬물에 헹굽니다.

❸ 먹기 좋은 크기로 찢어서 용기에 담습니다.

❹ 파인애플 4조각은 먹기 좋은 크기로 썰어줍니다.

❺ 물 2컵, 연겨자 60g, 식초 4큰술, 설탕 2큰술, 소금 ⅓큰술, 파인애플 통조림 국물 ½컵, 썰어좋은 파인애플로 소스를 만듭니다.

❻ 흰목이버섯을 담은 통에 소스를 부어 한번 더 눌러 담아줍니다.

❼ 냉장고에 넣어 하루 동안 숙성시킵니다.

NOTE 오이 또는 파프리카, 당근을 잘게 썰어 같이 넣어도 좋아요.

동부묵무침 20분 소요 | 난이도 하 | 냉장 5일 이내

동부묵은 도토리묵과 다르게 하얗게 생겨서 눈으로 보는 즐거움이 있어요. 만들기도 정말 간단하고 아이들 반찬으로도 아주 좋아요.

재료

- 동부묵 1개
- 김가루 3큰술

양념

- 진간장 3큰술
- 올리고당 1큰술
- 참기름 2큰술
- 통깨 1큰술

❶ 동부묵은 먹기 좋은 크기로 썰어줍니다.

❷ 끓는 물에 30초간 데쳐 찬물에 담가 식힙니다.

❸ 묵에 진간장 3큰술, 올리고당 1큰술, 참기름 2큰술, 통깨 1큰술, 김가루 3큰술을 넣고 버무립니다.

NOTE 소고기고추다대기도 함께 버무려 먹어도 좋아요.

PART 03
맛있는 가을 밀키트

3만 원 일주일 집밥

뜨끈한 간단 밀키트

쌀쌀한 날씨에 먹기 좋은

일주일 식단 계획표

여름이 끝나고 쌀쌀한 가을이 오면 뜨끈한 음식이 절로 생각나죠. 가을 무는 제철 식재료로 영양이 가장 풍부하고 달큰해서 가을, 겨울에 무를 활용해 다양한 집밥을 만들어 먹기 좋아요. 저렴한 비용으로 만들 수 있는 뜨끈한 초간단 메뉴로 구성해보았어요.

※ 연출된 이미지로 실제와 다를 수 있습니다.

TOTAL 3만 원

밀키트 재료 준비하기

주재료	부재료	양념
✔ 표고버섯 9개	대파 6대	식용유
다진 소고기 500g	양파 2개	진간장
다진 돼지고기 300g	청양고추 5개	설탕
스트링 치즈 3개	멸치 국물 팩 1개	맛술
무 1개	익은 김치 ½포기	다진 마늘
우동 면 2개	김칫국물 ½컵(90ml)	생강가루
어묵 3장	김가루 약간	전분 또는 찹쌀가루
팽이버섯1봉		부침가루
가지 3개		후춧가루
달걀 5개		다시마
도토리묵 1개(500g)		고춧가루
밥 2공기		설탕
불린 쌀 2컵(180ml)		통깨
		참기름
		참치액젓
		토마토케첩
		올리고당
		굴소스
		식초
		국간장
		소금
		다진 고추

30분 만에 완성

밀키트 재료 손질하기

start!

표고버섯

- 표고버섯 6개는 잘게 다집니다.
- 표고버섯 3개는 0.4cm 두께로 썰어줍니다.

다진 소고기·돼지고기

- 다진 소고기는 400g과 100g으로 나눠서, 통에 보관합니다.
- 다진 돼지고기 300g은 통에 넣어 보관합니다.

무

- ½개는 0.5cm 두께로 채 썰어줍니다.
- ½개는 0.3cm 두께로 얇게 채 썰어줍니다.

어묵

- 어묵은 사각 썰기 합니다.

가지

- 가지는 도톰하게 어슷썰기 합니다.

도토리묵

- 1cm 두께로 썰어줍니다.

↓

양파

- 1 + ½개는 잘게 다집니다.
- ½개는 0.5cm 두께로 썰어줍니다.

↓

청양고추

- 3개는 잘게 다집니다.
- 2개는 0.3cm 두께로 썰어줍니다.

공용

대파

- 2대는 잘게 다져줍니다.
- 2대는 0.3cm 길이로 채 썰어줍니다.
- 2대는 15cm 길이로 썰고, 흰 부분은 반으로 썰어줍니다.

※ 각 과정의 이미지는 참고용으로 실제와 다를 수 있습니다. 반드시 설명을 읽고 따라 하십시오.

3

재료 보관

손질 재료 소분하기

월

· 다진 소고기 400g
· 다진 돼지고기 300g
· 잘게 다진 표고버섯 6개
· 잘게 다진 양파 1개
· 잘게 다진 대파 1대(공용 재료)

화

· 0.5cm 두께로 썬 무 ½개
· 0.4cm 두께로 채 썬 표고버섯 3개
· 다시마 1장
· 잘게 다진 대파 ½대(공용 재료)

수

· 1cm 두께로 썬 도토리묵 1개
· 잘게 썬 김치 ¼포기
· 멸치 국물 팩 1개
· 0.3cm 두께로 썬 무 ½개
· 0.3 두께로 다진 청양고추 2개

목

· 도톰하게 썬 가지 3개
· 잘게 다진 청양고추 3개
· 잘게 다진 양파 ½개
· 잘게 다진 대파 ½대(공용 재료)

※ 각 과정의 이미지는 참고용으로 실제와 다를 수 있습니다. 반드시 설명을 읽고 따라 하십시오.

- 0.5cm 두께로 썬 양파 ½개
- 0.3cm 길이로 썬 대파 1대(공용 재료)

- 우동 면 2개
- 잘게 썬 익은 김치 ¼포기
- 사각 썰기 한 어묵 3장
- 팽이버섯 1개
- 0.3cm 길이로 썬 대파 1대(공용 재료)

- 다진 소고기 100g(냉동 보관)
- 15cm 길이로 썬 대파 2대(공용 재료)

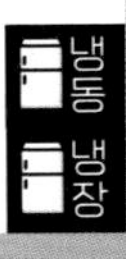

공용

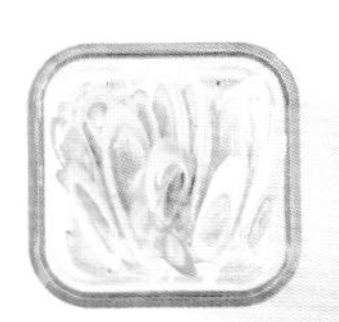

- 잘게 다진 대파 2대
- 0.3cm 길이로 썬 대파 2대
- 15cm 길이로 썬 대파 2대

치즈함박떡갈비

30분 소요 | 난이도 하 | 냉동 1개월 이내

특별한 우리 집만의 떡갈비를 만들어보세요. 크기, 모양을 취향대로 만들어서 더 맛있어요. 대량으로 만들어 냉동 보관해두고 반찬 없을 때마다 꺼내서 구워 먹으면 간편하게 한 끼를 해결할 수 있어요.

재료

- 표고버섯 6개
- 다진 소고기 400g
- 다진 돼지고기 300g
- 스트링 치즈 3개
- 대파 1대
- 양파 1개
- 다진 마늘 3큰술
- 식용유 5큰술

양념장

- 진간장 4큰술
- 설탕 2큰술
- 맛술 2큰술
- 다진 마늘 1큰술
- 생강가루 1큰술
- 찹쌀가루(또는 전분) 2큰술
- 후춧가루 약간

❶ 대파와 양파, 표고버섯은 잘게 다집니다.

❷ 팬에 식용유 2큰술을 두르고 양파, 대파, 버섯, 다진 마늘 3큰술을 넣고 중간 불에서 5분간 볶은 뒤 충분히 식힙니다.

❸ 볼에 다진 소고기 400g, 다진 돼지고기 300g을 담고 분량의 재료로 만든 양념장, 볶은 재료를 넣은 뒤 충분히 치댑니다.

❹ 스트링 치즈는 4cm 크기로 썰어줍니다.

❺ ③을 7cm 길이로 만들어 속에 스트링 치즈를 넣고 떡갈비 모양으로 빚습니다.

❻ 팬에 식용유 3큰술을 두르고 겉면만 앞뒤로 4분간 굽습니다.

❼ 에어프라이어에 넣고 170℃로 8분간 돌려줍니다.

NOTE 2번 과정에서 재료를 볶으며 수분을 날려야 떡갈비를 구울 때 흐트러지지 않고 단단히 구울 수 있어요. 겉면만 살짝 익히고 에어프라이어로 구우면 육즙을 살릴 수 있고, 깔끔하게 구울 수 있어요.

무표고버섯밥

30분 소요 | 난이도 하 | 냉장 7일 이내

가을이 제철인 무와 표고버섯을 넣어 간단하게 밥을 지어보세요. 맛도 좋은 간단한 영양밥을 만들 수 있어요. 간장양념에 비벼 먹으면 다른 반찬 없이도 한 그릇 뚝딱 해치울 수 있어요.

재료

- 무 ½개
- 표고버섯 3개
- 불린 쌀 2컵(180ml)
- 다시마 1장

간장양념

- 진간장 5큰술
- 물 2큰술
- 고춧가루 1 + ½큰술
- 설탕 ½큰술
- 다진 마늘 ½큰술
- 다진 대파 ½대
- 다진 고추 2개 분량
- 통깨 1큰술
- 참기름 2큰술

❶ 무는 0.5cm 두께로 채 썰어줍니다.

❷ 표고버섯은 밑동을 떼어내고 0.4cm 두께로 채 썰어줍니다.

❸ 전기밥솥에 불린 쌀 2컵, 무, 표고버섯을 모두 넣습니다.

❹ 물은 기존보다 ⅔ 정도만 채워줍니다.

❺ 다시마 1장을 넣습니다.

❻ 전기밥솥으로 30분간 밥을 짓습니다.

❼ 분량의 재료로 간장양념을 만듭니다.

❽ 무표고버섯밥에 ⑦을 넣어 비벼 먹습니다.

온묵밥 10분 소요 | 난이도 하 | 냉장 7일 이내

가을에는 시원한 묵사발 대신 따뜻한 온묵밥은 어떨까요? 저도 만들기 전에는 무슨 맛일지 상상이 가지 않았는데, 만들어 먹어보니 따뜻한 묵밥도 너무 맛있더라고요. 만들기도 너무 쉬워서 지친 날 간단히 속을 달래기 좋아요.

재료

- 도토리묵 1개(500g)
- 달걀 1개 • 김가루 약간
- 김치 ¼포기
- 멸치 국물 팩 1개
- 물 800ml
- 식용유 2큰술
- 통깨 1큰술
- 참기름 1큰술
- 밥 1공기

양념

- 국물 양념: 국간장 1큰술, 참치액젓 1큰술
- 김치 양념: 참기름 1큰술, 설탕 ½큰술

❶ 물 800ml에 멸치 국물 팩을 넣고 30분간 끓입니다.

❷ 국물에 국간장 1큰술, 참치액젓 1큰술로 간을 맞춥니다.

❸ 김치는 잘게 썰어줍니다.

❹ 묵은 1cm 정도 두께로 길게 썰어줍니다.

❺ ④를 끓는 물에 1분 정도 데칩니다.

❻ 잘게 썬 김치에 참기름 1큰술, 설탕 ½큰술을 넣고 섞습니다.

❼ 달걀 1개를 풀어 팬에 식용유를 두르고 중약불에서 부칩니다.

❽ 부친 달걀은 얇게 채 썰어 지단을 만듭니다.

❾ 따뜻한 밥 위에 묵을 올립니다.

❿ 국물을 붓고 김치, 달걀 지단, 김가루를 올린 후 통깨와 참기름으로 마무리합니다.

NOTE 묵을 데칠 때 깨지지 않게 천천히 건집니다.

무채전

20분 소요 | 난이도 하 | 냉장 7일 이내

무는 국, 무침, 김치, 조림으로 많이 해 먹는 식재료 중 하나예요. 생소하지만 달큰하면서 바삭하고 맛있는 전으로도 만들어 먹을 수 있어요.

재료

- 무 ½개
- 청양고추 2개
- 전분 3큰술
- 부침가루 5큰술
- 식용유 6큰술

양념

- 소금 ½큰술
- 설탕 1큰술

❶ 무는 0.3cm 두께로 얇게 채 썰어줍니다.

❷ 청양고추는 0.3cm 두께로 잘게 썰어줍니다.

❸ 볼에 무를 담고 소금 ½큰술, 설탕 1큰술을 넣어 15분간 절입니다.

❹ 절인 무는 체에 걸러 물기를 제거합니다.

❺ 다시 볼에 담은 뒤 전분 3큰술, 부침가루 5큰술을 넣고 잘 섞습니다.

❻ 청양고추도 넣어 잘 섞습니다.

❼ 팬에 식용유를 두르고 달군 뒤 무 반죽을 올립니다.

❽ 밑면이 노릇하게 익으면 뒤집어줍니다.

❾ 앞뒤로 노릇하게 구워 완성합니다.

NOTE 절인 무의 물기는 많이 빼지 말고, 촉촉하게 묻어 있을 정도로만 가볍게 빼도 됩니다.

어향가지 30분 소요 | 난이도 중 | 냉장 7일 이내

가지를 싫어하는 사람도 "가지 맞아?"라며 놀랄 정도로 다른 맛을 내는 메뉴예요. 역시 튀기면 다 맛있어지는 것 같아요. 튀긴 가지에 매콤달콤한 소스가 너무 잘 어울려요.

재료

- 가지 3개 • 청양고추 3개
- 양파 ½개 • 대파 ½대
- 다진 마늘 3큰술
- 전분 5큰술
- 소금 ⅓큰술
- 설탕 2큰술
- 식용유 100ml + 6큰술
- 물 ⅓컵

양념장

- 올리고당 4큰술
- 진간장 2큰술 • 식초 1큰술
- 토마토케첩 1 + ½큰술
- 소금 약간

❶ 가지는 도톰하게 어슷썰기 합니다.

❷ 설탕 1큰술, 소금 ⅓큰술을 넣고 5분간 절입니다.

❸ 청양고추, 양파, 대파 모두 잘게 다집니다.

❹ 절인 가지에 전분 3큰술을 넣고 가볍게 섞습니다.

❺ 팬에 식용유 6큰술을 두르고 다진 마늘 3큰술을 넣은 뒤 중약불에서 3분간 볶다가 대파, 청양고추를 넣고 3분간 볶습니다.

❻ 중약불에서 설탕 1큰술을 넣고 가볍게 볶습니다.

❼ 분량의 재료로 양념장을 만들어 넣고 볶고 전분물을 넣어 살짝 끓입니다(전분물: 전분 2큰술 + 물 ⅓컵).

❽ 냄비에 식용유를 넣고 가지를 중간 불에서 3분간 노릇하게 튀겨줍니다.

❾ 튀긴 가지 위에 잘게 다진 양파를 올리고 양념장을 뿌립니다.

NOTE 튀긴 가지에 초간장만 찍어 먹어도 맛있어요.
초간장: 진간장 3큰술, 식초 1큰술, 고춧가루 1큰술

양파달걀덮밥

10분 소요 | 난이도 하 | 냉장 7일 이내

양파와 달걀만 있으면 아침에 빠르게 만들 수 있는 한 그릇 덮밥 요리예요. 양파를 볶으면 매운맛이 달달한 맛으로 변해요. 이번 주 식단 중 냉동 떡갈비와 같이 구워서 양파소스와 함께 먹으면 더욱 든든하고 맛있어요.

재료

- 양파 ½개
- 달걀 2개
- 밥 1공기
- 대파 1대
- 식용유 3큰술
- 통깨 1큰술
- 참기름 1큰술

양념장

- 설탕 1큰술
- 진간장 2큰술
- 굴소스 ½큰술
- 맛술 2큰술
- 물 6큰술

❶ 양파는 0.5cm 두께로 채 썰어줍니다.

❷ 대파는 0.3cm 두께로 썰어줍니다.

❸ 분량의 재료로 양념장을 만들어둡니다.

❹ 달걀 2개를 풀어놓습니다.

❺ 팬에 식용유를 두르고 중간 불에서 양파를 5분간 볶습니다.

❻ 양념장을 붓고 중간 불에서 3분간 끓입니다.

❼ 중약불에서 달걀물, 대파를 넣고 5분간 끓입니다.

❽ 따뜻한 밥 위에 올리고 통깨, 참기름을 살짝 뿌립니다.

NOTE 양파와 함께 볶은 양념장은 떡갈비와 함께 먹어도 잘 어울려요.

김치어묵우동

20분 소요 | 난이도 하 | 냉장 7일 이내

유명한 투다리 김치어묵우동이에요. MZ 세대만 아는 메뉴인 듯하지만, 한번 먹으면 자주 생각나는 얼큰 칼칼한 메뉴 중 하나죠. 소주 안주로도 아주 훌륭해요. 단무지와 함께 먹으면 없던 입맛도 생겨나게 해줘요.

재료

- 우동 면 2개
- 익은 김치 ¼포기
- 대파 1대
- 어묵 3장
- 팽이버섯 1봉
- 물 600ml
- 김칫국물 ½컵(90ml)

양념

- 진간장 1큰술
- 참치액젓 1큰술
- 다진 마늘 1큰술

❶ 어묵은 사각 썰기 합니다.

❷ 대파는 0.3cm 두께로 썰어줍니다.

❸ 김치는 3cm 길이로 썰어줍니다.

❹ 우동 면은 뜨거운 물에 데칩니다.

❺ 물 600ml에 김치와 김칫국물 ½컵을 넣고 5분간 팔팔 끓입니다.

❻ 어묵, 대파를 넣고 진간장 1큰술, 참치액젓 1큰술, 다진 마늘 1큰술로 간을 맞춥니다.

❼ 우동 면, 팽이버섯을 넣고 3분간 더 끓입니다.

NOTE 진간장과 액젓 대신 가쓰오부시 장국을 넣으면 어묵만의 감칠맛이 살아나요.

달걀대파다짐육전

10분 소요 | 난이도 하 | 냉장 5일 이내

대파와 달걀로 전을 만들어 먹으려다가 떡갈비를 만들고 남은 다진 소고기가 있어 같이 올려서 부쳐 먹었는데, 너무 잘 어울리더라고요. 어떤 고기든 대파와 노릇하게 부쳐보세요. 나름 별미입니다.

재료

- 대파 2대
- 달걀 2개
- 다진 소고기 100g
- 식용유 4큰술
- 후춧가루 약간

❶ 대파는 15cm 정도 길이로 썰고 흰 부분은 반으로 썰어줍니다.

❷ 달걀 2개를 풀어 달걀물을 만들어둡니다.

❸ 팬에 식용유를 두르고 대파를 넉넉히 올린 뒤 달걀물을 부은 다음 위에 다진 소고기를 올린 뒤 후춧가루를 살짝 뿌립니다.

❹ 중간 불에서 3분간 노릇하게 익힙니다.

❺ 밑면이 다 익으면 뒤집어서 한번 더 굽습니다.

밑면이 충분히 익었을 때 뒤집어야 모양이 흐트러지지 않아요.
초간장(진간장 3큰술, 식초 1큰술, 고춧가루 1큰술)에 찍어 드세요.

3만원 일주일 집밥

가을의 외로움을 달래주는

일주일 식단 계획표

여름을 보내고 잊고 있던 뜨끈한 음식이 하나, 둘 생각이 나죠. 가을 하면 알록달록 단풍잎이 떠올라요. 이번 주 집밥도 단풍처럼 가지각색 눈을 즐겁게 해주죠. 허전하던 배도 든든히 채우고, 눈도 즐거워지는 집밥을 먹어보세요.

월

묵은지닭볶음탕
P.218

화

감자옹심이
P.219

수

부대찌개
P.220

목

부추비빔밥
P.221

노른자장
P.222

금

카레채소리소토
P.223

토

대파달걀
소시지볶음밥
P.224

새송이
고추장구이
P.225

일

순두부달걀죽
P.226

※ 연출된 이미지로 실제와 다를 수 있습니다.

TOTAL 3만 원

밀키트 재료 준비하기

주재료	부재료	양념
✓ 닭 1마리	익은 김치 ½포기	고추장
감자 6개	양파 3개	고춧가루
애호박 1개	대파 약 5대	진간장
스팸 1개	청양고추 2개	설탕
소시지 5개	우유 2컵	다진 마늘
당면 100g	체더치즈 2장	맛술
두부 ½모	버터 40g	국간장
라면 1봉	카레가루 5큰술	참치액젓
새송이버섯 4개	멸치 국물 1팩	다진 마늘
부추 100g	김가루 약간(선택)	소금
달걀 7개	쌀뜨물 1040ml	들깨가루
찬밥 2 + ½공기		전분
순두부 1봉		멸치 국물 팩
팽이버섯 1봉		참기름
밥 1공기		들기름
김치 ¼포기		통깨
		굴소스
		매실액
		후춧가루
		식용유
		올리고당

30분 만에 완성

밀키트 재료 손질하기

start!

애호박

- 애호박 ½개는 0.4cm 두께로 썰어줍니다.
- ½개는 깍둑썰기 합니다.

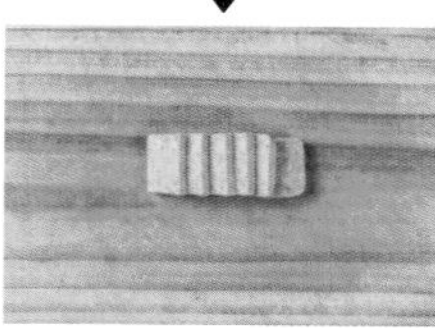

스팸

- 1cm 두께로 썰어줍니다.

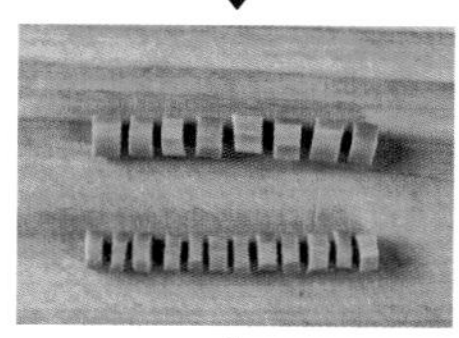

소시지

- 3개는 1cm 두께로 썰어줍니다.
- 2개는 0.5cm 두께로 썰어줍니다.

새송이버섯

- 1개는 1cm 두께로 썰어줍니다.
- 1개는 깍둑썰기 합니다.
- 2개는 세로로 2cm 두께로 썰어줍니다.

청양고추

- 청양고추 2개는 1cm 두께로 썰어줍니다.

부추

- 부추는 0.5cm 길이로 잘게 다집니다.

양파

- 양파 1개는 0.5cm 두께로 썰어줍니다.
- 양파 1개는 1cm 두께로 썰어줍니다.
- 양파 ½개는 깍둑썰기 하고 ½개는 0.4cm 두께로 썰어줍니다.

↓

김치

- 김치 ¼포기는 잘게 썰어줍니다.
- 익은 김치 ½포기는 그대로 통에 넣습니다.

↓

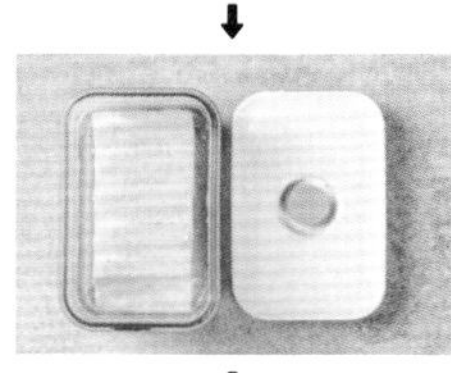

두부

- 두부는 반으로 썰고 1cm 두께로 썰어줍니다.

↓

대파

- ½대는 잘게 다져줍니다.
- 2 + ⅓대는 0.5cm 두께로 채 썰어줍니다.
- 1대는 4cm 길이로 썰어줍니다.
- 1대는 0.3cm 두께로 썰어줍니다.

↓

닭

- 닭은 찬물에 깨끗이 헹궈 보관합니다.

공용

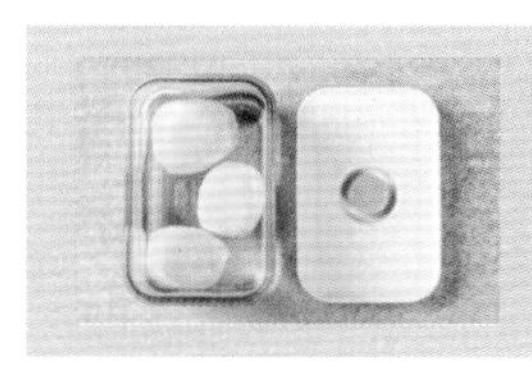

감자

- **껍질을 깎아서 생수에 담가 보관합니다.**

※ 각 과정의 이미지는 참고용으로 실제와 다를 수 있습니다. 반드시 설명을 읽고 따라 하십시오.

3

재료 보관

손질 재료 소분하기

월

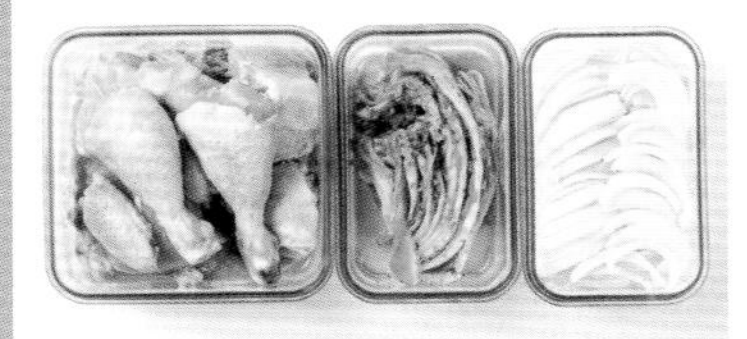

- 닭 1마리(개별 보관)
- 감자 2개(공용 재료)
- 깍둑썰기 한 양파 ½개
- 익은 김치 ½포기
- 4cm 길이로 썬 대파 1대

화

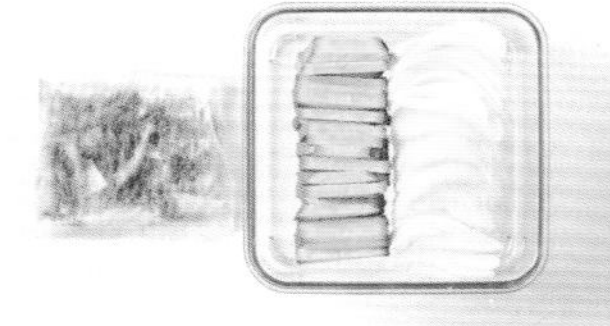

- 감자 4개(공용 재료)
- 0.4cm 두께로 썬 양파 ½개와 애호박 ½개
- 멸치 국물 팩 1개

수

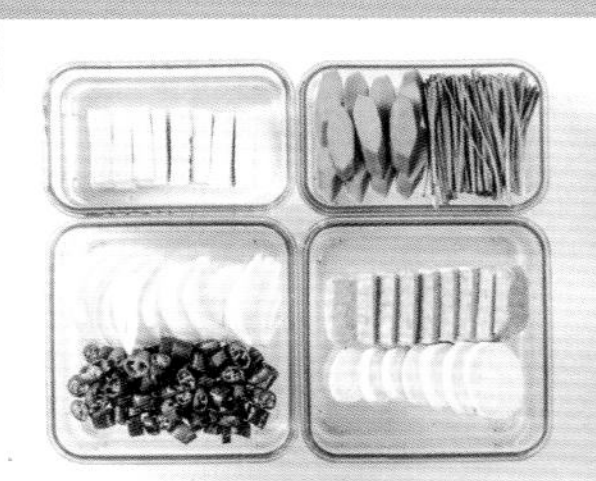

- 1cm 두께로 썬 두부 ½모(찬물에 담가 보관)
- 1cm 두께로 썬 스팸 1개, 소시지 3개, 새송이버섯 1개, 청양고추 2개, 양파 1개
- 김치 ½포기
- 0.5cm 두께로 썬 대파 1대

목

- 0.5cm 길이로 잘게 썬 부추 100g
- 0.5cm 두께로 썬 양파 ½개와 대파 ½대

※ 각 과정의 이미지는 참고용으로 실제와 다를 수 있습니다. 반드시 설명을 읽고 따라 하십시오.

금

- 체더치즈 2장
- 0.5cm 두께로 썬 양파 ½개와 대파 ½대
- 깍둑썰기 한 애호박 ½개와 새송이버섯 1개

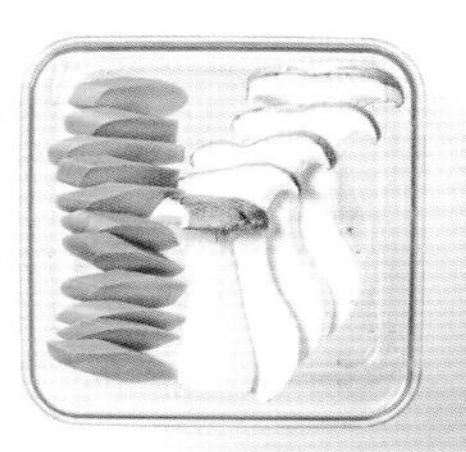

- 0.5cm 두께로 썬 소시지 2개
- 세로로 2cm 두께로 썬 새송이버섯 2개
- 잘게 다진 대파 ½대
- 0.3cm 두께로 썬 대파 1대

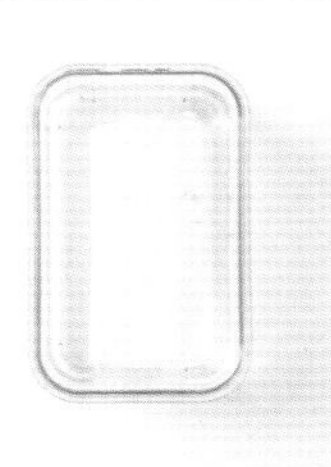

- 순두부 1봉
- 0.5cm 두께로 썬 대파 ⅓대

공용

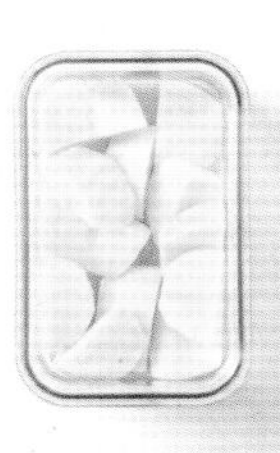

- 감자 6개(생수에 담가 보관)

묵은지닭볶음탕

30분 소요 | 난이도 하 | 냉장 7일 이내

잘 익은 김치에 닭을 넣고 푹 끓이기만 하면 마법처럼 저절로 맛있어지는 메뉴예요. 재료를 넣고 끓이면 반은 성공할 수 있죠. 김치와 닭 1마리로 푸짐한 저녁 식사를 해보세요.

재료

- 닭 1마리
- 익은 김치 ½포기
- 감자 2개
- 양파 ½개
- 대파 1대

양념장

- 고추장 1 + ½큰술
- 고춧가루 2큰술
- 진간장 3큰술
- 설탕 1 + ½큰술
- 다진 마늘 1큰술
- 맛술 2큰술
- 쌀뜨물 3컵(540ml)

❶ 닭은 찬물에 깨끗이 씻어 끓는 물에 넣고 3분간 데친 다음 한번 더 씻습니다.

❷ 감자는 4등분합니다.

❸ 양파는 깍둑썰기 합니다.

❹ 대파는 4cm 길이로 썰어줍니다.

❺ 냄비에 삶은 닭과 김치를 올리고 그 위에 감자와 양파, 대파를 올립니다.

❻ 분량의 재료로 만든 양념장을 모두 붓습니다.

❼ 뚜껑을 덮고 중간 불에서 10분, 중약불에서 15분간 끓입니다.

NOTE 취향에 맞게 건고추 또는 청양고추를 추가해 더욱 얼큰하게 먹어도 좋아요.

감자옹심이 30분 소요 | 난이도 중 | 냉장 7일 이내

뜨끈한 국물에 쫄깃한 감자옹심이를 넣어 간단하게 만들 수 있는 요리예요. 옹심이 만드는 과정이 조금 번거롭게 느껴지지만 막상 만들어놓으면 귀엽기도 하고 쫄깃한 식감이 재밌어서 입에 착착 붙죠. 특히 아이들이 좋아해요.

재료

- 감자 4개
- 애호박 ½개
- 양파 ½개
- 물 6컵(1L)
- 멸치 국물 팩 1개

양념

- 국물 양념: 국간장 2큰술, 참치액젓 1큰술, 다진 마늘 1큰술, 소금 ⅓큰술, 들깨가루 2큰술
- 감자옹심이 간 : 소금 ⅓큰술, 전분 2큰술

❶ 물 6컵에 멸치 국물 팩을 넣고 20분간 끓여줍니다.

❷ 양파와 애호박은 0.4cm 두께로 썰어줍니다.

❸ 감자 4개는 강판에 갈아줍니다.

❹ 갈아준 감자는 체에 걸러 건더기와 수분을 분리합니다.

❺ 거른 수분은 20분간 두어 앙금을 가라앉힙니다.

❻ 앙금이 섞이지 않도록 윗물만 버립니다.

❼ 감자 건더기를 볼에 담고 앙금을 넣은 뒤 전분 2큰술, 소금 ⅓큰술을 넣고 섞어 3cm 크기로 둥글게 빚어줍니다.

❽ 끓는 국물에 양파와 애호박, 국간장 2큰술, 참치액젓 1큰술, 다진 마늘 1큰술, 소금 ⅓큰술을 넣고 3분간 끓입니다.

❾ 감자옹심이와 들깨가루 2큰술을 넣고 5분간 끓입니다.

NOTE
· 감자는 믹서에 갈아도 되지만 강판에 간 것이 식감이 좋아요.
· 감자옹심이가 위로 떠오르면 잘 익은 거예요.

부대찌개 30분 소요 | 난이도 하 | 냉장 7일 이내

여러 재료를 넣고 팔팔 끓이는 부대찌개는 언제 먹어도 맛있어요. 라면까지 넣어 다양하게 골라 먹는 재미가 있어 다른 반찬은 필요 없죠.

재료

- 김치 ¼포기 • 스팸 1개
- 소시지 3개 • 대파 1대
- 당면 100g • 두부 ½모
- 라면 1봉
- 새송이버섯 1개
- 팽이버섯 1봉
- 쌀뜨물 500ml
- 청양고추 2개
- 양파 1개

양념장

- 고추장 1 + ½큰술
- 고춧가루 2큰술 • 맛술 1큰술
- 다진 마늘 1큰술
- 진간장 2큰술

❶ 당면은 미지근한 물에 1시간 이상 불립니다.

❷ 두부, 스팸, 소시지, 새송이버섯, 청양고추, 양파는 1cm 두께로 썰어줍니다.

❸ 대파는 0.5cm 두께로 어슷썰기 합니다.

❹ 냄비에 당면, 라면, 청양고추, 대파를 제외한 모든 재료를 넣습니다.

❺ 쌀뜨물을 붓습니다.

❻ 분량의 양념장 재료를 모두 넣습니다.

❼ 중간 불에서 10분간 끓입니다.

❽ 미리 불려놓은 당면과 라면 면, 청양고추, 대파를 넣고 5분간 더 끓입니다.

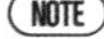

· 장보기 리스트에 있는 부추가 남았다면 추가해주세요.
· 당면은 미리 불리거나 끓는 물에 10분간 삶아서 준비합니다.

부추비빔밥 10분 소요 | 난이도 하 | 냉장 7일 이내

성질이 따뜻한 부추는 영양분을 가득 담고 있어 가을, 겨울에 먹기 좋은 식재료예요. 반찬, 국, 찌개 등 다양하게 활용할 수 있는 고마운 식재료이기도 하죠. 고추장에 슥삭 비벼서 먹으면 부추의 향긋함과 아주 잘 어울려요.

재료

- 부추 100g
- 고추장 1큰술
- 참기름 1큰술
- 김가루 약간(선택)
- 밥 1공기
- 노른자장(p.222)

❶ 부추는 0.5cm 길이로 잘게 썰어줍니다.

❷ 따뜻한 밥 위에 고추장 1큰술, 참기름 1큰술을 둘러줍니다.

❸ 부추를 듬뿍 올리고 노른자장(P. 222)을 올려서 비벼 먹습니다.

NOTE 김가루도 함께 비벼 먹으면 더 맛있어요.

노른자장 20분 소요 | 난이도 하 | 냉장 3일 이내

입맛 없을 때 추천하는 노른자장! 비빔밥에 올려 먹으면 너무 맛있지만 따뜻한 밥 위에 노른자장과 버터만 올려 비벼 먹으면 순식간에 한 그릇을 비울 수 있어요.

재료

- 달걀 4개
- 양파 ½개
- 대파 ½대

양념장

- 물 1컵(180ml)
- 진간장 6큰술
- 올리고당 3큰술
- 맛술 2큰술

❶ 달걀은 흰자와 노른자를 분리합니다.

❷ 노른자는 밀폐 용기에 담습니다.

❸ 대파와 양파는 0.5cm 두께로 썰어줍니다.

❹ 기름 없는 팬에 대파와 양파를 5분간 볶습니다.

❺ 분량의 양념장 재료를 넣고 5분간 중간 불에서 끓입니다.

❻ 건더기는 건져서 소스를 충분히 식힙니다.

❼ 양념장을 노른자에 붓습니다.

❽ 냉장고에 넣어 1시간 이상 숙성시킵니다.

NOTE
· 냉장 보관한 달걀은 실온에 1~2시간 동안 꺼내두었다 사용하세요.
· 청양고추와 홍고추를 잘게 썰어 7번 과정에 같이 넣으면 색감도 살고 매콤하게 먹을 수 있어요.

카레채소리소토 10분 소요 | 난이도 하 | 냉장 5일 이내

찬밥 활용하기에 좋은 리소토예요. 카레 요리에 치즈를 듬뿍 넣어 부드럽고 고소한 맛을 느낄 수 있어요.

재료

- 우유 2컵
- 카레가루 5큰술
- 애호박 ½개
- 새송이버섯 1개
- 양파 ½개
- 대파 ½대
- 찬밥 1 + ½공기
- 버터 40g
- 체더치즈 2장
- 다진 마늘 1큰술

❶ 양파와 대파는 0.5cm 두께로 썰어줍니다.

❷ 애호박과 새송이버섯은 깍둑썰기 합니다.

❸ 프라이팬에 버터를 녹이고 다진 마늘 1큰술, 잘게 썬 양파, 대파를 3분간 볶습니다.

❹ 애호박, 버섯을 넣고 3분간 더 볶습니다.

❺ 우유와 카레가루, 체더치즈를 넣고 5분간 끓입니다.

❻ 찬밥을 넣고 5분간 더 저으면서 끓입니다.

· 체더치즈를 넣으면 더 꾸덕한 리소토를 만들 수 있어요.
· 치즈 대신 달걀 1개를 풀어 넣어도 좋아요.

대파달걀소시지볶음밥

20분 소요 | 난이도 하 | 냉장 7일 이내

집밥에서 가장 간단하게 만들 수 있는 메뉴 하면 볶음밥이 가장 먼저 떠오르는 것 같아요. 자투리 채소와 함께 잘게 다져 볶기만 하면 간편하게 한 끼를 해결할 수 있어요. 대파, 달걀, 소시지로 간편한 볶음밥을 만들어볼게요.

재료

- 대파 1대
- 찬밥 1공기
- 달걀 2개
- 소시지 2개
- 소금 ⅓큰술
- 식용유 2큰술
- 참기름 1큰술
- 통깨 1큰술

양념

- 굴소스 1큰술

❶ 대파는 0.3cm 두께로 잘게 썰어줍니다.

❷ 소시지는 0.5cm 두께로 썰어줍니다.

❸ 볼에 찬밥, 달걀, 소금 ⅓큰술을 넣고 섞습니다.

❹ 프라이팬에 식용유를 두르고 대파를 3분간 볶습니다.

❺ 소시지를 넣고 2분간 볶습니다.

❻ ③의 달걀밥을 넣고 중간 불에서 3분간 빠르게 볶습니다.

❼ 굴소스 1큰술을 넣고 1분간 볶습니다.

❽ 불을 끄고 참기름 1큰술, 통깨 1큰술 넣고 한번 더 볶습니다.

NOTE 흰자는 넣지 않고 달걀노른자만 사용하면 색이 조금 더 노랗고 고슬고슬한 볶음밥을 만들 수 있어요.

새송이고추장구이

10분 소요 | 난이도 하 | 냉장 7일 이내

새송이버섯은 저렴하면서 다양한 요리에 활용할 수 있어요. 찌개를 끓이고 남은 버섯에 매콤달콤한 고추장소스를 입혀서 구우면 고기반찬이 부럽지 않답니다.

재료

- 새송이버섯 2개
- 대파 ½대
- 식용유 3큰술
- 소금 ⅓큰술
- 통깨 1큰술

양념장

- 고추장 1큰술
- 고춧가루 1큰술
- 진간장 2큰술
- 물 5큰술
- 매실액 1큰술
- 올리고당 2큰술
- 다진 마늘 1큰술
- 후춧가루 약간

❶ 새송이버섯은 세로로 2㎝ 정도 두께로 썰어줍니다.

❷ 대파는 잘게 다집니다.

❸ 중간 불에 식용유 두른 팬을 올리고 새송이버섯을 넣어 소금 ⅓큰술을 살짝 뿌린 뒤 앞뒤로 노릇하게 1분간 굽습니다.

❹ 분량의 재료로 만든 양념장을 발라서 중약불에서 한번 더 굽습니다.

❺ 접시에 올려 대파와 통깨를 뿌립니다.

NOTE 새송이버섯이 익기 전에 양념을 바르면 질퍽해지고 쫄깃한 식감이 사라져요.

순두부달걀죽 10분 소요 | 난이도 하 | 냉장 5일 이내

뜨끈하고 담백하게 먹기 딱 좋은 순두부달걀죽! 만들기도 정말 간단해서 바쁜 아침에 좋아요. 부드러운 순두부로 만들어 술술 잘 넘어가죠.

재료

- 순두부 1봉
- 달걀 1개
- 다진 마늘 1큰술
- 대파 ⅓대
- 통깨 약간
- 들기름 1큰술
- 물 1+½컵
- 밥 1공기
- 식용유 2큰술

양념

- 국간장 또는 연두 2큰술

❶ 대파는 0.5cm 두께로 썰어줍니다.

❷ 기름을 두르고 다진 마늘 1큰술을 넣고 1분간 볶아줍니다.

❸ 순두부를 넣고 수저로 으깬 뒤 물과 달걀 1개를 풀어줍니다.

❹ 국간장이나 연두를 넣고 간을 맞춥니다.

❺ 밥을 넣고 중간 불에서 저어가며 3분간 끓여줍니다.

❻ 농도는 취향에 맞게 물로 맞춰주세요.

❼ 그릇에 담은 뒤 들기름 1큰술, 통깨 약간, 잘게 썬 대파를 올려 마무리합니다.

5만 원 일주일 집밥

엄마 집밥 밀키트

엄마의 손맛이 생각나는

일주일 식단 계획표

일주일 식단 메뉴에 낯선 시래기가 들어가 있다고 책장 넘기면 안 돼요! 낯설어하는 분을 위해 삶아놓은 시래기로 준비했어요. 마트 또는 온라인 몰에서 말린 시래기가 아닌 삶은 시래기를 손쉽게 구입할 수 있습니다. 삶은 것을 이용하면 간편하고 부담 없는 시래기 요리에 도전할 수 있어요. 시래기 메뉴 외에는 대부분 호불호 갈리지 않는 메뉴로 준비했어요.

월

소불고기
P.236

화

시래기감자밥
P.237

부추달걀말이
P.238

수

닭갈비
P.239

무깻잎초절임
P.240

목

돈가스김치나베
P.241

금

시래기된장지짐
P.242

토

불고기
양배추덮밥
P.243

무나물
P.244

일

부추팽이버섯
고기말이
P.245

※ 연출된 이미지로 실제와 다를 수 있습니다.

TOTAL 5만 원

밀키트 재료 준비하기

주재료	부재료	양념
☑ 불고기용 소고기 1.2kg	☐ 양파 1개	☐ 진간장
☐ 팽이버섯 5봉	☐ 대파 3 + ½대	☐ 설탕
☐ 삶은 시래기 600g	☐ 청양고추 2개	☐ 올리고당
☐ 감자 2개	☐ 떡볶이 떡 10개	☐ 다진 마늘
☐ 달걀 6개	☐ 고구마 1개	☐ 참기름
☐ 닭 다리살 500g	☐ 익은 김치 ¼포기	☐ 맛술
☐ 양배추 ½개	☐ 김칫국물 ½컵(90ml)	☐ 후춧가루
☐ 깻잎 20장	☐ 쌀뜨물 3컵(540ml)	☐ 국간장
☐ 무 1개		☐ 들기름
☐ 냉동 돈가스 2장		☐ 고춧가루
☐ 우동 면 1개		☐ 통깨
☐ 부추 450g		☐ 식용유
☐ 밥 1공기		☐ 카레가루
☐ 불린 쌀 360ml(2컵)		☐ 굴소스
		☐ 식초
		☐ 참치액젓
		☐ 들깨가루
		☐ 된장
		☐ 고추장
		☐ 소금
		☐ 연겨자
		☐ 간 양파

60분 만에 완성

밀키트 재료 손질하기

start!

불고기용 소고기 양념(800g)

• 키친타월로 핏물을 제거하고 설탕 2큰술을 넣어 버무린 뒤 불고기 양념(진간장 5큰술, 굴소스 2큰술, 다진 마늘 1큰술, 맛술 2큰술, 올리고당 1큰술, 참기름 2큰술, 후춧가루 약간)을 넣어 버무린 다음 600g, 200g으로 나눠 보관합니다.

삶은 시래기

• 시래기는 한번 더 깨끗이 씻어줍니다. 마트에서 파는 삶은 시래기는 줄기 부분의 껍질을 확인해서 벗기고 끓는 물에 5분간 삶으면 더 부드럽게 먹을 수 있어요.

양배추

• ¼개는 얇게 채 썰어줍니다.
• ¼개는 깍둑썰기 합니다.

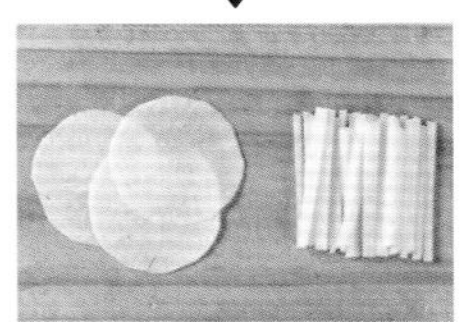

무

• ½개는 0.5cm 두께로 썰어줍니다.
• ½개는 얇게 슬라이스합니다.

부추

• 350g은 7cm 길이로 썰어줍니다.
• 100g은 0.5cm 길이로 썰어줍니다.

양파

• 1개는 0.5cm 두께로 썰어줍니다.

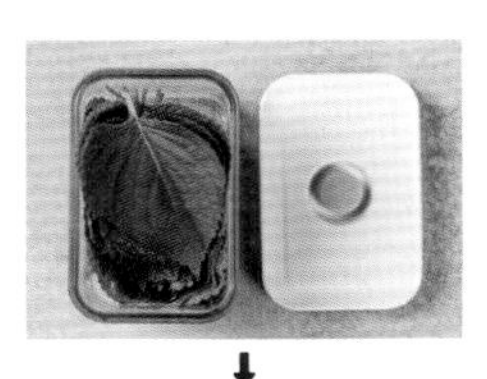

깻잎

• 깻잎은 깨끗이 씻어 물기를 털고 말려서 보관합니다.

↓

청양고추와 김치

• 2개는 0.5cm 두께로 썰어줍니다.
• 김치는 잘게 썰어줍니다.

↓

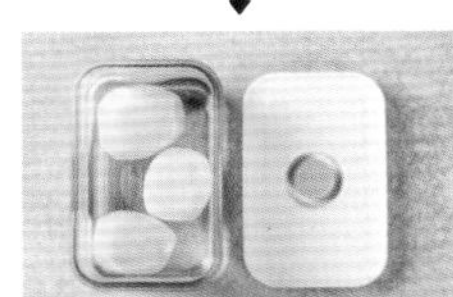

감자

• 껍질을 깎아 생수에 담가 보관합니다.

↓

닭 다리살

• 닭 다리살은 한입 크기로 썰어줍니다.

공용

대파

• 2대는 0.5cm 두께로 썰어줍니다.
• 1대는 1cm 두께로 썰어줍니다.
• ½대는 잘게 다져줍니다.

※ 각 과정의 이미지는 참고용으로 실제와 다를 수 있습니다. 반드시 설명을 읽고 따라 하십시오.

3

재료 보관

손질 재료 소분하기

월

· 양념한 불고기용 소고기 600g(개별 냉장 보관 / 밀키트 레시피 참고)
· 0.5cm 두께로 썬 양파 ½개
· 팽이버섯 1봉
· 0.5cm 두께로 썬 대파 1대(공용 재료)

화

· 삶은 시래기 300g
· 감자 2개(생수에 담가 보관)
· 0.5cm 길이로 썬 부추 100g

수

· 닭 다리살 500g(냉동 보관)
· 깍둑썰기 한 양배추 ¼개
· 1cm 두께로 썬 대파 1대(공용 재료)
· 고구마 1개
· 떡볶이 떡 10개
· 슬라이스한 무 ½개 · 깻잎 20장

목

· 냉동 돈가스 2장(냉동 보관)
· 우동 면 1개
· 잘게 썬 김치 ¼포기
· 0.5cm 두께로 썬 양파 ½개
· 잘게 썬 대파 ½대(공용 재료)

· 삶은 시래기 300g
· 0.5cm 두께로 썬 청양고추 2개
· 0.5cm 두께로 썬 대파 ½대(공용 재료)

· 양념한 불고기용 소고기 200g(냉동 보관 / 밀키트 레시피 참고)
· 팽이버섯 2봉
· 얇게 채 썬 양배추 ¼개
· 7cm 길이로 썬 부추 50g
· 0.5cm 두께로 썬 무 ½개
· 0.5cm 두께로 썬 대파 ½개(공용 재료)

· 양념하지 않은 불고기용 소고기 400g(냉동 보관)
· 7cm 길이로 썬 부추 300g과 팽이버섯 2봉

공용

· 0.5cm 두께로 썬 대파 2대
· 1cm 두께로 썬 대파 1대
· 잘게 다진 대파 ½대

※ 각 과정의 이미지는 참고용으로 실제와 다를 수 있습니다. 반드시 설명을 읽고 따라 하십시오.

소불고기

30분 소요 | 난이도 하 | 냉장 5일 이내

생각보다 정말 간단한 요리예요. 얇은 불고기용 고기에 양념만 입혀서 팬에 바로 볶으면 입에서 살살 녹아요. 아이부터 어른까지 모두가 좋아하는 소불고기로 오늘 저녁 한 상 차림 어떨까요.

재료

- 양념한 불고기용 소고기 600g(밀키트 레시피 참고)
- 양파 ½개
- 팽이버섯 1봉
- 대파 1대
- 물 1 + ½컵(270ml)

❶ 양파는 0.5cm 두께로 썰어줍니다.

❷ 대파는 0.5cm 두께로 어슷썰기 합니다.

❸ 냄비에 물 1 + ½컵에 양념한 불고기용 소고기와 양파, 대파를 넣고 중간 불에서 10분, 팽이버섯을 넣고 중약불에서 5분간 끓입니다.

※ 미리 고기를 양념하지 않은 경우 소불고기용 고기는 키친타월로 핏물을 닦아내고 설탕 2큰술, 맛술 2큰술을 넣어 버무린 뒤 10분간 재워줍니다. 10분 뒤 진간장 5큰술, 굴소스 2큰술, 다진 마늘 1큰술, 올리고당 1큰술, 참기름 2큰술, 후춧가루 약간을 넣고 버무립니다.

· 소불고기는 2일 치로 넉넉하게 만들어 일부는 냉동 보관해서 6일 차에 덮밥으로 활용했어요.

· 취향에 따라 3번 과정에서 청양고추를 추가하세요.

시래기감자밥

30분 소요 | 난이도 하 | 냉장 7일 이내

포슬포슬한 감자와 부드러운 시래기와 함께 밥을 하면 든든하고 영양 가득한 한 끼를 먹을 수 있어요. 비빔양념장에 살살 비벼 먹으면 구수하고 맛있어요.

재료

- 감자 2개
- 삶은 시래기 300g
- 불린 쌀 360ml

양념

- 시래기 양념: 국간장 1큰술, 들기름 1큰술
- 비빔양념: 고춧가루 1큰술, 다진 마늘 ½큰술, 진간장 4큰술, 설탕 ½큰술, 참기름 2큰술, 통깨 1큰술

❶ 시래기는 먹기 좋은 크기로 썰어줍니다.

❷ 시래기는 국간장 1큰술, 들기름 1큰술을 넣고 버무립니다.

❸ 감자는 껍질을 깎고 8조각으로 썰어줍니다.

❹ 전기밥솥에 불린 쌀, 시래기, 감자를 올리고 물은 평소보다 90%만 채워 밥을 짓습니다.

❺ 분량의 재료로 비빔양념장을 만듭니다.

❻ 취사가 완료된 밥은 감자가 으깨지지 않게 살살 섞어줍니다.

❼ 분량의 재료로 만든 비빔양념장과 함께 비벼서 먹습니다.

NOTE 삶은 시래기는 줄기 밑동의 껍질을 살짝 벗기면 조금 더 부드럽게 만들 수 있어요.

부추달걀말이

20분 소요 | 난이도 하 | 냉장 5일 이내

가장 대표적인 달걀 요리인 달걀말이예요. 대파를 송송 썰어 넣어도 좋고, 김을 올려 돌돌 말아도 좋고, 어떤 재료를 넣든 맛있죠. 맛술을 조금 넣으면 일본식 달걀말이처럼 달달한 맛을 낼 수 있어요.

재료

- 달걀 4개
- 부추 100g
- 식용유 2큰술

양념

- 맛술 2큰술
- 소금 ⅓큰술

❶ 볼에 달걀 4개를 넣고 풀어줍니다.

❷ 부추는 0.5cm 길이로 잘게 썰어 넣습니다.

❸ 달걀물에 부추, 맛술 2큰술, 소금 ⅓큰술을 넣고 골고루 풀어줍니다.

❹ 팬에 식용유를 두르고 약한 불로 달굽니다.

❺ 약한 불에서 ③의 달걀물을 ⅓ 정도 부어줍니다.

❻ 밑면이 반 정도 익으면 돌돌 말아줍니다.

❼ 말아준 달걀말이는 팬 한쪽에 두고 다시 달걀물을 부어 반쯤 익으면 다시 돌돌 말아줍니다.

❽ 10분간 식힌 뒤 예쁘게 썰어 냅니다.

NOTE 달걀말이는 약한 불로 시작해 약한 불에서 끝내면 예쁘게 만들 수 있어요.

닭갈비

30분 소요 | 난이도 중 | 냉장 5일 이내

닭갈비는 철판에 볶아 먹는 것도 좋지만, 집에서 만들어 먹는 묘미가 있어요. 양념이 정말 맛있어서 남은 양념에 밥, 채소, 참기름, 김가루를 넣어 볶아 먹어도 환상적이에요.

재료

- 닭 다리살 500g
- 양배추 ¼개
- 떡볶이 떡 10개
- 고구마 1개 • 대파 1대

양념장

- 고추장 3큰술
- 고춧가루 4큰술
- 진간장 4큰술
- 굴소스 1큰술
- 간 양파 ½개 분량
- 설탕 2큰술 • 맛술 5큰술
- 올리고당 1큰술
- 다진 마늘 3큰술
- 카레가루 1큰술

❶ 닭 다리살은 한입 크기로 썰어줍니다.

❷ 양배추는 깍둑썰기 합니다.

❸ 고구마는 1cm 두께로 썰어줍니다.

❹ 대파는 1cm 두께로 썰어줍니다.

❺ 분량의 재료로 양념장을 만들어 닭 다리살과 섞어 30분간 재워줍니다.

❻ 넓은 팬에 양배추를 듬뿍 깔아줍니다.

❼ 떡볶이 떡, 고구마, 대파, 양념장에 재운 닭 다리살을 올립니다.

❽ 중간 불에서 5분간 그대로 두고 모든 재료를 섞습니다.

❾ 중간 불에서 5분간 볶다가 중약불에서 고구마가 익을 때까지 볶습니다.

NOTE 꼭 양배추를 밑에 깔아주세요. 양배추가 익으며 물이 나와 쉽게 타지 않아요.

무깻잎초절임

10분 소요 | 난이도 하 | 냉장 2주 이내

고기와 같이 먹으면 정말 맛있는 반찬이에요. 깻잎의 향긋함과 초절임이 어우러져 감칠맛이 2배가 되죠. 만들기도 간단해서 한 통 만들어두면 정말 든든해요.

재료

- 무 ½개
- 깻잎 20장
- 소금 약간

식초물

- 물 2컵(360ml)
- 설탕 4큰술
- 식초 1컵(180ml)
- 맛술 100ml

❶ 무는 채칼로 얇게 슬라이스합니다.

❷ 깻잎은 깨끗이 씻어 물기를 뺍니다.

❸ 무-깻잎-무-깻잎 순으로 쌓아줍니다.

❹ ③을 반으로 썰어줍니다.

❺ 통에 차곡차곡 담습니다.

❻ 분량의 재료로 식초물을 만들고 소금을 약간 넣어 잘 저어줍니다.

❼ 식초물을 ⑤의 통에 가득 담습니다.

❽ 냉장고에 넣어 하루 동안 숙성시킵니다.

돈가스김치나베 20분 소요 | 난이도 하 | 냉장 7일 이내

튀겨 먹는 돈가스 대신 뜨끈하고 얼큰한 국물에 올려 끓여 먹으면 색다르게 즐길 수 있어요. 김치를 넣어 느끼하지 않고 부드럽게 술술 들어가요.

재료

- 냉동 돈가스 2장
- 우동 면 1개
- 달걀 2개
- 익은 김치 ¼포기
- 김칫국물 ½컵(90ml)
- 대파 ½대
- 양파 ½개
- 식용유 6큰술
- 물 3컵(540ml)

양념장

- 진간장 2 + ½큰술
- 참치액젓 1큰술
- 고춧가루 1큰술
- 설탕 1큰술

❶ 양파는 0.5cm 두께로 썰어줍니다.

❷ 김치와 대파는 잘게 썰어줍니다.

❸ 우동 면은 뜨거운 물에 한번 헹굽니다.

❹ 냉동 돈가스는 기름에 튀겨서 준비합니다.

❺ 튀긴 돈가스는 먹기 좋은 크기로 썰어줍니다.

❻ 팬에 식용유를 두르고 대파와 양파를 넣어 5분간 볶습니다.

❼ 김치를 넣고 5분간 더 볶습니다.

❽ 김칫국물 ½컵, 물 3컵, 분량의 재료로 만든 양념장을 넣고 팔팔 끓으면 우동 면을 넣고 2분간 끓입니다.

❾ 돈가스를 위에 올리고 달걀물을 둘러줍니다.

❿ 중간 불에서 3분간 끓입니다.

NOTE 달걀물은 전체적으로 골고루 둘러주세요.

시래기된장지짐

40분 소요 | 난이도 중 | 냉장 4일 이내

된장소스에 푹 지진 시래기는 부드럽고 구수한 맛이 일품이에요. 평소에 자주 생각나지는 않지만 있으면 맛있게 먹게 됩니다.

재료

- 삶은 시래기 300g
- 쌀뜨물 3컵(540ml)
- 청양고추 2개
- 대파 ½대
- 들깻가루 3큰술

양념

- 된장 2큰술
- 고추장 1 + ½큰술
- 고춧가루 1큰술
- 다진 마늘 1큰술
- 참기름 2큰술

❶ 시래기는 삶아서 먹기 좋은 크기로 썰어줍니다.

❷ 청양고추, 대파는 0.5cm 두께로 썰어줍니다.

❸ 볼에 시래기를 담고 분량의 재료로 만든 양념장을 넣고 버무립니다.

❹ 냄비에 양념한 시래기를 담고 쌀뜨물 3컵을 넣어 강한 불로 끓입니다.

❺ 끓기 시작하면 대파, 청양고추를 넣고 중약불에서 뚜껑을 덮은 뒤 30분 이상 삶습니다.

❻ 들깻가루 3큰술을 넣고 골고루 섞어서 3분간 끓입니다.

NOTE 삶은 시래기는 줄기 밑동의 껍질을 살짝 벗기면 조금 더 부드럽게 먹을 수 있어요.

불고기양배추덮밥 20분 소요 | 난이도 하 | 냉장 3일 이내

양배추를 활용하기 좋은 덮밥이에요. 잘게 채 썬 양배추를 볶으면 부드럽고 달큰한 맛이 나서 불고기와 함께 슥슥 비벼 먹으면 한 끼 식사로 아주 훌륭해요. 도시락 메뉴로도 추천해요.

재료

- 양념한 불고기용 소고기 200g(밀키트 레시피 참조)
- 양배추 ¼개
- 팽이버섯 2봉
- 부추 50g
- 참기름 1큰술
- 통깨 1큰술
- 물 1컵(180ml)
- 식용유 2큰술
- 밥 1공기

❶ 얼려둔 양념한 불고기용 소고기는 해동한 뒤 물 1컵을 넣고 자작하게 볶아냅니다.

❷ 양배추는 얇게 채 썰어줍니다.

❸ 부추는 7cm 길이로 썰어줍니다.

❹ 팬에 식용유를 둘러 채 썬 양배추를 3분간 볶고 부추와 팽이버섯을 넣어 2분간 볶아줍니다.

❺ 따뜻한 밥 위에 ④와 불고기, 참기름 1큰술, 통깨를 올립니다.

NOTE 장보기 재료 중 부추를 활용해서 양배추 볶을 때 적당히 넣어도 좋아요.

무나물 20분 소요 | 난이도 하 | 냉장 7일 이내

겨울 무는 참 고마운 식재료예요. 영양소도 풍부하고 다양한 요리로 활용 가능하죠. 무를 얇게 채 썰어 팬에 볶으며 간만 맞추면 달달하면서 부드럽고 고소하고 맛있어요. 비빔밥처럼 먹어도 아주 좋은 반찬이죠.

재료

- 무 ½개(400g)
- 다진 마늘 1큰술
- 물 1컵(180ml)
- 대파 ½대
- 식용유 2큰술

양념

- 들기름 2큰술
- 참치액젓 2큰술

❶ 무, 대파는 0.5cm 두께로 얇게 채 썰어줍니다.

❷ 팬에 식용유를 두르고 다진 마늘 1큰술을 넣은 뒤 중간 불에서 1분 정도만 가볍게 볶습니다.

❸ ①의 무채를 넣고 3분간 볶습니다.

❹ 물 1컵을 넣고 다시 살짝 볶다가 뚜껑을 덮고 중약불에서 5분 정도 끓여줍니다.

❺ 참치액젓 2큰술, 들기름 2큰술을 넣고 3분간 볶습니다.

❻ 대파를 넣고 잘 섞어 완성합니다.

NOTE 마지막 단계에서 들깻가루 2큰술을 넣으면 더 고소해져요.

부추팽이버섯고기말이

20분 소요 | 난이도 하 | 냉장 5일 이내

얇은 불고기용 고기에 부추를 넣어 돌돌 말면 보기에도 예쁘고 간단하면서 맛도 참 좋아요. 집들이 음식으로도 훌륭해요. 한입 먹으면 부추의 향과 즙이 가득 퍼지고, 소스에 콕콕 찍어 먹으면 정말 맛있어요.

재료

- 불고기용 소고기 400g
- 부추 300g
- 소금 약간
- 후춧가루 약간
- 팽이버섯 2봉

연겨자소스

- 진간장 2큰술
- 물 1큰술
- 식초 1큰술
- 설탕 1큰술
- 연겨자 1큰술

❶ 부추와 팽이버섯은 7cm 길이로 썰어줍니다.

❷ 불고기용 소고기는 넓게 펼쳐서 키친타월로 핏물을 닦아냅니다.

❸ 후춧가루, 소금을 약간 뿌립니다.

❹ 부추, 팽이버섯을 적당히 올리고 돌돌 말아줍니다.

❺ 분량의 재료로 연겨자소스를 만들어둡니다.

❻ 팬을 중약불에 올려 고기가 익을 때까지 굽습니다.

❼ 익은 고기에 연겨자소스를 곁들입니다.

NOTE 칠리소스와 함께 먹어도 좋아요.

5만원 일주일 집밥

제철 듬뿍 밀키트

흔한 식재료로 제철 느낌 한가득

일주일 식단 계획표

가을이 왔으니 신선한 해산물을 맛봐야겠죠. 군침 돌게 하는 연어장과 제철 꼬막은 통통하고 쫄깃해서 무침이나 비빔밥으로 먹기 좋아요. 다른 메뉴들도 마트에서 쉽게 접할 수 있는 식재료로 다양하게 활용한 레시피로 구성해봤어요.

월

연어장덮밥
P.254

화

꼬막무침비빔밥
P.255

수

매콤콩나물
볶음밥
P.256

근대된장국
P.257

목

매콤순대볶음
P.258

금

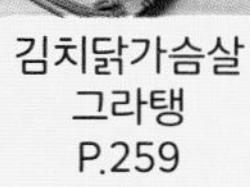

김치닭가슴살
그라탱
P.259

토

김치말이
비빔국수
P.260

닭가슴살
양배추롤
P.261

일

순댓국밥
P.262

※ 연출된 이미지로 실제와 다를 수 있습니다.

TOTAL 5만 원

밀키트 재료 준비하기

주재료	부재료	양념
☑ 연어 400g	☐ 양파 3개	☐ 참치액젓
☐ 찬밥 1 + ½공기	☐ 청양고추 7개	☐ 진간장 / 국간장
☐ 부추 200g	☐ 김치 ½포기	☐ 맛술
☐ 근대 300g	☐ 깻잎 13장	☐ 올리고당
☐ 순대 1kg	☐ 피자치즈 100g	☐ 설탕
☐ 양배추 약 ½개	☐ 대파 4대	☐ 매실액
☐ 닭 가슴살 3장	☐ 건새우 3큰술(선택)	☐ 다진 마늘
☐ 콩나물 300g	☐ 베이컨 3장	☐ 고춧가루
☐ 사골 곰탕 2팩	☐ 소면 2인분	☐ 통깨
☐ 파프리카 2개	☐ 슬라이스 레몬 약간(선택)	☐ 참기름
☐ 꼬막 700g	☐ 달걀노른자 1개 분량	☐ 고추장
☐ 밥 2공기	☐ 우유 1컵(180ml)	☐ 맛술
	☐ 김가루 약간	☐ 후춧가루
	☐ 멸치 국물 팩 1개	☐ 굴소스
		☐ 물엿
		☐ 들깨가루
		☐ 김칫국물
		☐ 칠리소스
		☐ 식용유
		☐ 된장
		☐ 식초
		☐ 새우젓

30분 만에 완성

밀키트 재료 손질하기

start!

순대

• 순대 1kg은 4cm 두께로 썰어줍니다.

꼬막

• 꼬막은 해감을 뺀 뒤 생수에 담가 보관합니다.

양배추

• 양배추 ¼개는 깍둑썰기 합니다.
• 8장은 겉부분을 떼어내고 보관합니다.

파프리카

• 파프리카 2개는 얇게 채 썰어줍니다.

근대

• 깨끗이 씻어 물기를 제거하고 큼직하게 3등분합니다.

양파

• 2개는 0.5cm 두께로 썰어줍니다.
• 1개는 잘게 다집니다.

부추

- 100g은 6cm 길이로 썰어줍니다.
- 100g은 잘게 썰어줍니다.

↓

김치

- 김치 ½포기는 잘게 썰어줍니다.

↓

청양고추

- 5개는 0.5cm 두께로 썰어줍니다.
- 2개는 0.3cm 두께로 썰어줍니다.

↓

깻잎

- 깨끗이 씻어 물기를 털고 5장은 3등분하고 8장은 그대로 보관합니다.

↓

대파

- 1대는 잘게 다져줍니다.
- 2대는 0.3cm 두께로 썰어줍니다.
- 1대는 3cm 길이로 썰어줍니다.

↓

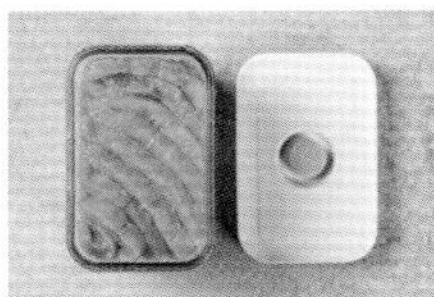

연어와 베이컨

- 연어는 1cm 두께로 썰어줍니다.
- 베이컨은 2cm 두께로 썰어줍니다.

공용

콩나물

- 흐르는 물에 깨끗이 씻어 생수에 담가 보관합니다.

※ 각 과정의 이미지는 참고용으로 실제와 다를 수 있습니다. 반드시 설명을 읽고 따라 하십시오.

재료 보관

손질 재료 소분하기

- 1cm 두께로 썬 연어 400g(개별 보관)
- 0.5cm 두께로 썬 양파 ½개와 청양고추 3개

화

- 꼬막 700g
- 잘게 썬 부추 100g
- 잘게 다진 대파 ½대(공용 재료)
- 잘게 다진 양파 ½대

수

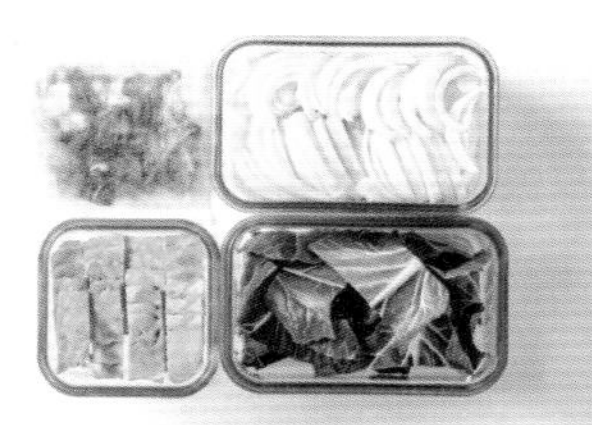

- 콩나물 200g(공용 재료)
- 0.3cm 두께로 썬 대파 1대(공용 재료)
- 2cm 두께로 썬 베이컨 3장
- 3등분한 근대 300g
- 멸치 국물 팩 1개
- 0.5cm 두께로 썬 양파 ½개

목

- 4cm 두께로 썬 순대 500g
- 깍둑썰기 한 양배추 ¼개
- 0.5cm 두께로 어슷썰기 한 청양고추 2개
- 3cm 길이로 썬 대파 1대
- 3등분한 깻잎 5장
- 0.5cm 두께로 썬 양파 1개

- 닭가슴살 1장
- 잘게 썬 김치 ¼포기
- 피자치즈 100g
- 잘게 다진 양파 ½개와 대파 ½대(공용 재료)

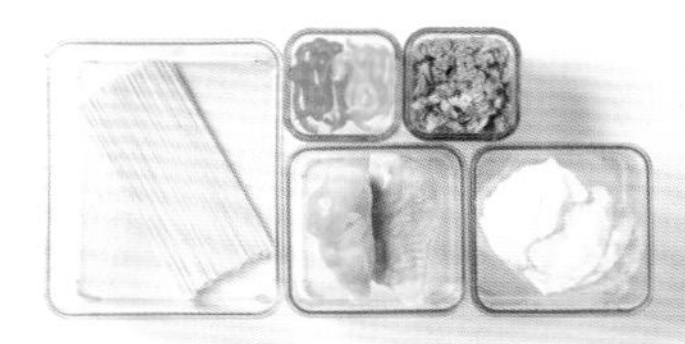

- 소면 2인분
- 잘게 썬 김치 ¼포기
- 양배추 8장
- 닭 가슴살2장
- 채 썬 파프리카2개
- 깻잎 8장

- 4cm 두께로 썬 순대 500g
- 사골 곰탕 2팩
- 0.3cm 두께로 썬 대파 1대와 청양고추 2개
- 콩나물100g(공용 재료)
- 6cm 길이로 썬 부추 100g

공용

- 콩나물 300g(생수에 담가 보관)

- 잘게 썬 대파 1대, 0.3cm 두께로 채 썬 대파 2대

※ 각 과정의 이미지는 참고용으로 실제와 다를 수 있습니다. 반드시 설명을 읽고 따라 하십시오.

연어장덮밥 20분 소요 | 난이도 하 | 냉장 4일 이내

연어를 좋아한다면 무조건 추천하는 반찬이에요. 레시피도 간단해요. 남편이랑 한번 먹고 반해서 대형 마트 가면 종종 연어를 사 와서 덮밥으로 자주 해 먹는답니다.

재료

- 연어 400g
- 양파 ½개
- 청양고추 3개
- 슬라이스 레몬 약간(선택)
- 밥 1공기

양념장

- 물 3컵(540ml)
- 진간장 ½컵(90ml)
- 참치액젓 2큰술
- 맛술 ⅓컵
- 올리고당 3큰술
- 설탕 1큰술

❶ 연어는 1cm 두께로 썰어줍니다.

❷ 양파와 청양고추는 0.5cm 두께로 썰어줍니다.

❸ 냄비에 분량의 재료로 만든 양념장을 넣고 5분간 끓입니다.

❹ 끓인 양념장은 충분히 식힙니다.

❺ 밀폐 용기에 연어와 양파, 청양고추, 슬라이스 레몬을 담고 양념장을 가득 붓습니다.

❻ 냉장고에 넣어 하루 동안 숙성시킵니다.

· 연어는 선홍빛이 선명하고 지방에 흰 힘줄이 섞여 있으며 포장지에 물이 생기지 않은 것이 좋아요.

· 구입 즉시 바로 조리해 먹는 것이 가장 안전해요.

꼬막무침비빔밥 30분 소요 | 난이도 중 | 냉장 3일 이내

제철 맞은 꼬막은 살이 오동통해서 쫄깃하고 맛있어요. 냉동, 캔 꼬막이랑은 차원이 다른 맛이죠. 제철일 때 꼬막 한 바구니 사서 먹어보세요.

재료

- 꼬막 700g • 부추 100g
- 밥 1공기 • 김가루 약간
- 달걀노른자 1개 분량
- 참기름 1큰술 • 통깨 1큰술

양념장

- 진간장 6큰술 • 맛술 3큰술
- 매실액 2큰술 • 설탕 1큰술
- 올리고당 1큰술
- 고춧가루 2큰술
- 다진 대파 ½대 분량
- 다진 마늘 1큰술
- 다진 양파 ½개
- 통깨 1큰술
- 참기름 1큰술

❶ 깨끗이 씻은 꼬막은 소금물에 넣어 1시간 동안 해감을 뺍니다.

❷ 끓는 물에 꼬막을 넣고 꼬막이 입을 벌리면 2분 정도 더 끓이고 찬물에 헹굽니다.

❸ 익힌 꼬막은 껍질과 살을 분리합니다.

❹ 부추는 잘게 썰어줍니다.

❺ 꼬막에 분량의 재료로 만든 양념장과 부추를 넣고 무칩니다.

❻ 접시에 꼬막무침을 담습니다.

❼ 무친 볼에 남은 양념으로 따뜻한 밥과 양념장 1큰술, 김가루, 참기름 1큰술, 부추 1줌을 넣고 비벼줍니다.

❽ 접시에 밥도 함께 올리고 가운데에 노른자를 올린 뒤 통깨를 뿌립니다.

NOTE 삶아도 입을 다물고 있는 꼬막은 껍질과 껍질이 연결되는 부분에 숟가락을 끼워 힘을 주고 살짝 돌리면 쉽게 분리할 수 있어요.

매콤콩나물볶음밥

10분 소요 | 난이도 하 | 냉장 5일 이내

콩나물을 주로 국이나 찜에 활용해왔다면, 이번에는 맛있는 볶음밥으로 만들어보길 추천합니다. 아삭한 콩나물과 매콤한 소스가 잘 어우러져 간단하고 맛있는 볶음밥을 만들 수 있어요.

재료

- 콩나물 200g
- 대파 1대
- 베이컨 3장
- 찬밥 1 + ½공기
- 식용유 4큰술

양념장

- 고춧가루 1 + ½큰술
- 고추장 ½큰술
- 설탕 ½큰술
- 진간장 2큰술
- 맛술 2큰술

❶ 대파는 0.3cm 두께로 썰어줍니다.

❷ 베이컨은 2cm 두께로 썰어줍니다.

❸ 팬에 식용유를 두르고 대파를 볶아줍니다.

❹ 베이컨을 넣고 중간 불에서 2분간 볶습니다.

❺ 약한 불에서 분량의 재료로 만든 양념장을 넣어 골고루 볶습니다.

❻ 찬밥을 넣고 골고루 볶아줍니다.

❼ 콩나물을 넣고 5분간 볶아 완성합니다.

근대된장국

20분 소요 | 난이도 하 | 냉장 3일 이내

매콤한 콩나물볶음밥과 함께 뜨끈하고 구수한 된장국으로 속을 달래보세요. 추위가 저 멀리 물러날 거예요.

재료

- 근대 300g
- 양파 ½개
- 다진 마늘 1큰술
- 건새우 3큰술(선택)
- 물 3컵(540ml)
- 멸치 국물 팩 1개

양념

- 된장 3큰술

❶ 물 3컵에 멸치 국물 팩을 넣어 국물을 냅니다.

❷ 근대는 3등분합니다.

❸ 양파는 0.5cm 두께로 썰어줍니다.

❹ ①에 된장 3큰술을 풀고 다진 마늘을 넣습니다.

❺ 끓어오르면 근대와 양파, 건새우를 넣고 중간 불에서 10분간 끓입니다.

NOTE 된장국에 건새우를 넣으면 더욱 시원한 맛을 낼 수 있어요.

매콤순대볶음

20분 소요 | 난이도 하 | 냉장 7일 이내

마트에서 파는 순대로 더욱 저렴하게 다양한 요리를 만들 수 있어요. 그중 제가 가장 좋아하는 매콤순대볶음! 밥반찬으로 먹기도 좋지만 야식으로 술과 함께 곁들여도 너무 좋은 메뉴예요.

재료

- 순대 500g • 양파 1개
- 양배추 ¼개 • 대파 1대
- 청양고추 2개 • 깻잎 5장
- 식용유 4큰술
- 후춧가루 ⅓큰술
- 통깨 1큰술

양념장

- 진간장 2큰술 • 굴소스 1큰술
- 고춧가루 2큰술
- 고추장 1큰술 • 설탕 1큰술
- 물엿 2큰술
- 다진 마늘 2큰술
- 맛술 2큰술
- 들깻가루 2큰술 • 물 100ml

❶ 순대는 4cm 두께로 썰어줍니다.

❷ 양배추는 깍둑썰기 합니다.

❸ 대파는 3cm 길이로 썰어줍니다.

❹ 청양고추는 0.5cm 두께로 어슷썰기 합니다.

❺ 깻잎은 3등분합니다.

❻ 양파는 0.5cm 두께로 썰어줍니다.

❼ 웍에 식용유를 두르고 양배추, 양파를 넣어 살짝 볶습니다.

❽ 분량의 재료로 만든 양념장을 넣고 5분간 끓여줍니다.

❾ 순대와 대파, 청양고추, 깻잎, 후춧가루를 넣고 5분간 볶습니다.

❿ 통깨를 뿌려 마무리합니다.

NOTE 장보기 재료에 있는 부추를 활용해도 좋아요.

김치닭가슴살그라탱 20분 소요 | 난이도 하 | 냉장 5일 이내

김치와 피자치즈의 색다른 조합! 닭 가슴살을 넣어 더욱 든든한 그라탱이에요. 찬밥을 활용하기 좋은 메뉴죠. 김치를 넣어 많이 느끼하지 않게 먹을 수 있어요.

재료

- 닭 가슴살 1장
- 김치 ¼포기
- 피자치즈 100g
- 찬밥 1공기
- 대파 ½대
- 양파 ½개
- 식용유 3큰술
- 우유 1컵(180ml)

양념

- 진간장 1큰술
- 김칫국물 5큰술
- 고추장 1큰술

❶ 김치는 잘게 썰어줍니다.

❷ 닭 가슴살은 1cm 두께로 썰어줍니다.

❸ 양파, 대파는 잘게 다집니다.

❹ 팬에 식용유를 두르고 양파와 대파를 3분간 볶습니다.

❺ 닭 가슴살을 넣고 5분간 중간 불에서 볶습니다.

❻ 김치를 넣고 3분간 볶습니다.

❼ 가장자리에 진간장 1큰술을 넣고 살짝 태워 볶습니다.

❽ 찬밥 1공기와 김칫국물 5큰술, 고추장 1큰술을 넣고 볶습니다.

❾ 우유 1컵을 넣고 5분간 저어가며 끓여줍니다.

❿ 그릇에 담아 피자치즈를 올립니다.

⓫ 전자레인지에 5분간 돌려주면 완성됩니다.

NOTE 캔 옥수수를 같이 넣어 볶아도 좋아요.

김치말이비빔국수

20분 소요 | 난이도 하 | 냉장 7일 이내

언제 먹어도 질리지 않는 비빔국수예요. 쫄깃한 소면에 잘 익은 김치를 양념장에 간단하게 비벼 호로록 먹으면 입맛이 확 살아나죠.

재료

- 소면 2인분
- 김치 ¼포기
- 김가루 약간
- 통깨 약간

양념

- 김치 양념: 참기름 1큰술, 통깨 1큰술, 설탕 ½큰술
- 비빔국수 양념장: 고추장 2큰술, 고춧가루1큰술, 올리고당 1큰술, 맛술 1큰술, 식초 2큰술, 매실액 1큰술, 진간장 1큰술, 설탕 1큰술, 다진 마늘 1큰술, 참기름 1큰술, 통깨 1큰술, 통깨 1큰술

❶ 김치는 잘게 썰어서 참기름 1큰술, 통깨 1큰술, 설탕 ½큰술을 넣고 버무립니다.

❷ 소면은 끓는 물에 5분간 삶아 찬물에 헹굽니다.

❸ 분량의 재료로 비빔국수양념장을 만듭니다.

❹ 볼에 소면과 양념장, 김치를 넣고 비벼줍니다.

❺ 그릇에 담아 김가루, 통깨를 뿌립니다.

NOTE 장보기 리스트에 있는 콩나물을 활용해도 좋아요. 콩나물을 삶아서 찬물에 헹군 뒤 비빔국수와 함께 비벼 먹어보세요.

닭가슴살양배추롤 20분 소요 | 난이도 하 | 냉장 7일 이내

잘 익힌 부드러운 양배추에 닭 가슴살과 파프리카를 넣어 돌돌 말아서 칠리 소스에 찍어 먹으면 영양 만점 색다른 양배추 요리로 먹을 수 있어요. 다양한 채소를 추가해도 좋아요. 사과를 넣으면 상큼하게 먹을 수 있어요.

재료

- 양배추 8장
- 닭 가슴살 2장
- 파프리카 2개
- 물 ⅓컵(60ml)
- 깻잎 8장

양념

- 칠리소스 약간

❶ 깨끗이 씻은 양배추는 볼에 담아 물 ⅓컵을 넣고 랩을 씌워 전자레인지에 7분간 돌립니다.

❷ 닭 가슴살은 전자레인지에 데워서 잘게 찢어놓습니다.

❸ 파프리카는 얇게 채 썰어줍니다.

❹ 익힌 양배추 위에 깻잎과 닭 가슴살, 파프리카를 넣고 돌돌 말아서 먹기 좋은 크기로 썰어줍니다.

❺ 칠리소스와 함께 냅니다.

NOTE 양배추의 두꺼운 부분을 제거하면 더 쉽게 돌돌 말 수 있어요. 깻잎도 1장씩 넣어 말아도 좋아요.

순댓국밥

15분 소요 | 난이도 하 | 냉장 5일 이내

사골 국물을 활용한 아주 간단한 국밥이에요. 진공 포장된 순대가 없다면 분식집에서 두툼하게 썬 것을 사 가지고 와도 좋아요. 해장이 필요하다면 간단하게 끓여 먹어보세요.

재료

- 순대 500g
- 사골 곰탕 2팩
- 대파 1대
- 청양고추 2개
- 부추 100g • 콩나물 100g
- 들깻가루 3큰술
- 후춧가루 약간
- 다진 마늘 1큰술

다대기

- 고춧가루 2큰술 • 물 2큰술
- 국간장 2큰술
- 다진 마늘 1큰술
- 새우젓 ⅓큰술

❶ 순대는 4cm 두께로 썰어줍니다.

❷ 대파, 청양고추는 0.3cm 두께로 썰어줍니다.

❸ 부추는 6cm 길이로 썰어줍니다.

❹ 냄비에 사골 국물을 붓고 끓어오르면 순대를 넣어 2분간 끓입니다.

❺ 콩나물, 다진 마늘 1큰술, 잘게 썬 대파, 후춧가루 약간을 넣고 2분간 끓입니다.

❻ 들깨가루, 다대기(선택), 부추, 청양고추를 올려 마무리합니다.

NOTE
· 맵게 먹고 싶다면 다대기를 넣어보세요.
· 분식집 순대(삶은 순대)는 완성되기 전에 넣고 살짝 끓여줍니다.

1만원 일주일 집밥

제철 반찬

우엉조림 30분 소요 | 난이도 중 | 냉장 7일 이내

몸에도 좋고 맛도 좋은 우엉은 달달하게 간장조림으로 만들면 훌륭한 밥반찬이 되어줍니다. 물에 잠시 담가두면 아린 맛이 제거되어 아이들도 즐길 수 있죠.

재료

- 우엉 300g
- 들기름 2큰술
- 물 250ml

양념

- 올리고당 3큰술
- 꿀 1큰술(선택, 올리고당 1큰술 추가)
- 진간장 5큰술
- 통깨 1큰술

❶ 우엉은 깨끗한 수세미를 사용해 껍질까지 씻어줍니다.

❷ 손질한 우엉은 얇게 채 썰어 10분 정도 물에 담가둡니다.

❸ 팬에 들기름을 두르고 중간 불에서 3분간 볶습니다.

❹ 물 250ml, 진간장 5큰술을 넣고 7분간 볶아 조립니다.

❺ 올리고당 3큰술, 꿀 1큰술을 넣고 볶아 조립니다.

❻ 통깨를 뿌려 마무리합니다.

NOTE 우엉 껍질에는 몸에 좋은 성분이 많으므로 깨끗이 씻어 같이 먹으면 더욱 좋아요.

깻잎김치 30분 소요 | 난이도 하 | 냉장 4주 이내

국민 밑반찬이라 할 수 있는 향긋한 깻잎김치예요. 깻잎 논쟁까지 일으킬 정도로 너무 맛있고 간단한 레시피를 소개해드릴게요.

재료

- 깻잎 100장
- 양파 ½개
- 청양고추 2개
- 홍고추 2개

양념장

- 고춧가루 4큰술
- 다진 마늘 1큰술
- 진간장 4큰술
- 멸치액젓 2큰술
- 설탕 2큰술
- 물 50ml
- 참기름 1큰술
- 통깨 1큰술

❶ 깻잎은 꼭지를 제거하고 깨끗이 씻어 물기를 완전히 제거합니다.

❷ 양파는 반으로 썰어 얇게 썰어줍니다.

❸ 홍고추와 청양고추는 잘게 썰어줍니다.

❹ 양파, 홍고추, 청양고추를 넣어 분량의 재료로 양념장을 만듭니다.

❺ 깻잎 2장당 속 재료를 1큰술씩 골고루 발라줍니다.

❻ 용기에 담아 냉장고에서 하루 정도 숙성시킵니다.

NOTE 양념을 바를 때 일회용 비닐장갑을 손에 끼고 한 줌씩 슥삭 발라도 빠르게 양념을 묻힐 수 있어요.

연근유자절임 30분 소요 | 난이도 하 | 냉장 2주 이내

유자를 활용해서 향긋하게 만든 절임이에요. 아삭한 연근도 우엉처럼 영양분이 가득 들어 있어요. 연근은 생각보다 많은 요리에 활용할 수 있죠. 강황가루를 넣으면 노란색이 너무 예뻐서 연근유자 하나로 화려한 밥상을 차릴 수 있어요.

재료

- 연근 500g

절임물

- 소금 ½큰술
- 식초 90ml
- 강황가루 1큰술
- 물 500ml
- 유자청 6큰술

❶ 연근은 껍질을 벗겨줍니다.

❷ 손질한 연근을 먹기 좋은 크기로 얇게 썰어줍니다.

❸ 연근을 식초를 넣은 차가운 물에 잠시 담가둡니다.

❹ 냄비에 분량의 절임물 재료를 넣고 5분간 끓입니다.

❺ 연근은 끓는 물에 넣고 1분간 데쳐서 찬물에 헹굽니다.

❻ 밀폐 용기에 연근과 절임물을 넣고 냉장실에서 2일간 숙성시킵니다.

NOTE 썰어놓은 연근은 금방 색이 변하므로 식초물에 담가 갈변을 막으세요.

새송이버섯조림 10분 소요 | 난이도 하 | 냉장 5일 이내

저렴한 비용으로 만들 수 있는 달콤짭짤 쫄깃한 최고의 밑반찬이에요.

재료

- 새송이버섯 3개
- 양파 ½개
- 쪽파 50g
- 식용유 2큰술
- 참기름 1큰술
- 통깨 1큰술

양념장

- 진간장 2큰술
- 굴소스 ½큰술
- 설탕 1큰술
- 매실액 1큰술
- 다진마늘 1큰술

❶ 새송이버섯은 얇게 채 썰어줍니다.

❷ 양파는 0.5cm 두께로 채 썰어줍니다.

❸ 쪽파는 5cm 길이로 썰어줍니다.

❹ 팬에 식용유를 두르고 새송이버섯을 5분간 중간 불에서 볶습니다.

❺ 분량의 재료로 만든 양념장을 넣고 중약불에서 1분간 볶습니다.

❻ 양파와 쪽파를 넣고 1분간 볶습니다.

❼ 불을 끄고 참기름과 통깨를 뿌려 섞어줍니다.

섞박지 30분 소요 | 난이도 중 | 냉장 4주 이내

섞박지는 간단히 만들 수 있는 김치 중 하나예요. 한번 만들어두면 한 달은 든든하죠. 뜨끈한 국에 섞박지를 곁들이면 다른 반찬이 필요 없어요.

재료

- 무 1개
- 쪽파 100g
- 양파 1개

양념

- 고춧가루 5큰술
- 매실액 2큰술
- 새우젓 2큰술
- 멸치액젓 2큰술
- 밀가루풀 4큰술
- 설탕 1큰술
- 다진 마늘 3큰술

※ 무 절이기

- 설탕 1큰술
- 굵은소금 2큰술

❶ 무는 원하는 모양으로 0.5cm 두께로 썰어줍니다.

❷ 쪽파는 5cm 길이로 썰어줍니다.

❸ 양파는 깍둑썰기 합니다.

❹ ①에 설탕 1큰술, 굵은소금 2큰술을 넣고 30분간 절여줍니다.

❺ 절인 무는 체에 밭쳐 15분간 물을 빼줍니다.

❻ 무에 고춧가루 3큰술을 넣고 버무립니다.

❼ 새우젓 2큰술, 멸치액젓 2큰술, 다진 마늘 3큰술, 매실액 2큰술, 쪽파, 양파, 설탕, 밀가루풀 4큰술을 넣고 버무립니다.

❽ 마지막으로 고춧가루를 2큰술 정도 넣고 한번 더 버무립니다.

❾ 상온에서 하루 보관한 뒤 냉장실에 넣어 숙성시킵니다.

NOTE · 밀가루풀은 냄비에 물 1컵 + 밀가루 3큰술을 넣고 섞어서 중간 불에서 3분간 끓여줍니다.
· 밀가루풀 대신 찬밥 ½공기로 대체해도 좋아요.

애호박만두전 40분 소요 | 난이도 중 | 냉장 4일 이내

애호박의 변신은 어디까지인지 놀라게 하는 반찬이에요. 맛도 좋지만 보기에도 예뻐서 집들이 반찬으로 좋아요.

재료

- 애호박 1개
- 당면 100g
- 쪽파 50g
- 양파 ½개
- 당근 ½개
- 식용유 적당량
- 전분 3큰술 • 달걀 2개
- 소금 약간 • 부추 30g

양념장

- 진간장 2큰술
- 다진 마늘 1큰술
- 설탕 1큰술
- 참기름 1큰술

❶ 애호박은 얇고 길게 어슷썰기 합니다.

❷ 소금을 살짝 뿌려 10분간 절인 뒤 키친타월로 물기를 닦아냅니다.

❸ 1시간 이상 불린 당면은 3cm 길이로 썰어줍니다.

❹ 양파와 당근은 얇게 채 썰고 쪽파는 0.5cm 두께로 썰어줍니다.

❺ 부추는 잘게 다집니다.

❻ 팬에 식용유를 두르고 양파, 당근, 쪽파, 부추를 넣은 뒤 중간 불에서 3분간 볶다 당면을 넣고 2분간 더 볶습니다.

❼ 분량의 재료로 만들어둔 양념장을 넣고 약한 불에서 가볍게 볶습니다.

❽ 충분히 식힌 뒤 달걀 2개, 전분 3큰술을 넣어 섞습니다.

❾ 달군 팬에 식용유를 두르고 ①의 애호박에 전분을 묻혀 올린 뒤 ⑦의 속 재료를 1큰술씩 올립니다.

❿ 1분 정도 부치고 반으로 접은 뒤 앞뒤로 노릇해질 때까지 구워줍니다.

PART 04
맛있는 겨울 밀키트

3만 원 일주일 집밥

따뜻한 밀키트

뜨끈한 요리와 함께하는

일주일 식단 계획표

저렴한 배추를 사서 다양하게 활용하기 좋은 겨울이에요. 쉽게 구할 수 있는 식재료로 따뜻하고 알차게 먹을 수 있는 식단을 짜보았어요. 겨울 추위를 이겨내고 건강하게 한 주를 보내세요.

※ 연출된 이미지로 실제와 다를 수 있습니다.

TOTAL 3만 원

밀키트 재료 준비하기

주재료	부재료	양념
☑ 돼지고기 앞다리살 600g	☐ 양파 3개	☐ 식용유
☐ 애호박 1개	☐ 대파 3 + ½대	☐ 고추장
☐ 새송이버섯 3개	☐ 청양고추 6개	☐ 고춧가루
☐ 콩나물 1봉	☐ 달걀 3개	☐ 다진 마늘
☐ 쪽파 ¾단	☐ 감자 1개	☐ 진간장
☐ 어묵 5장	☐ 김치 ¼포기	☐ 올리고당
☐ 냉동 만두 10개	☐ 김가루 약간	☐ 된장
☐ 느타리버섯 200g	☐ 쌀뜨물 850ml	☐ 설탕
☐ 팽이버섯 1봉	☐ 김칫국물 ½컵(50ml)	☐ 맛술
☐ 두부 1모	☐ 멸치 국물 팩 1개	☐ 매실액
☐ 배추 약 1통	☐ 익은 김치 ¼포기	☐ 전분
☐ 쑥갓 50g		☐ 참기름
☐ 콩비지 200g		☐ 후춧가루
☐ 쫄면사리 2인분		☐ 통깨
		☐ 참치액젓
		☐ 국간장
		☐ 들기름
		☐ 멸치액젓

30분 만에 완성

밀키트 재료 손질하기

start!

애호박

- 애호박 ½개는 깍둑썰기 합니다.
- ½개는 반으로 썰고 0.5cm 두께로 썰어줍니다.

새송이버섯

- 새송이버섯 1개는 깍둑썰기 합니다.
- 2개는 1cm 두께로 길게 썰어줍니다.

쪽파

- 쪽파는 깨끗이 씻어 물기를 제거합니다.
- ¼단은 5cm 길이로 썰어줍니다.
- 나머지는 3등분합니다.

어묵

- 어묵 3장은 1cm 두께로 길게 썰어줍니다.
- 어묵 2장은 사각 썰기 합니다.

배추

- 배추 ¾통은 3cm 두께로 썰어줍니다.
- 배춧잎 8장은 깨끗이 씻어 물기를 털어줍니다.

※ 각 과정의 이미지는 참고용으로 실제와 다를 수 있습니다. 반드시 설명을 읽고 따라 하십시오.

양파

- 1개는 깍둑 썰어줍니다.
- 1 + ½개는 0.5cm 두께로 썰어줍니다.
- ½개는 잘게 다져줍니다.

청양고추

- 0.5cm 두께로 썰어줍니다.

감자

- 깍둑썰기 합니다.

콩나물

- 흐르는 물에 씻어 생수에 담가 보관합니다.

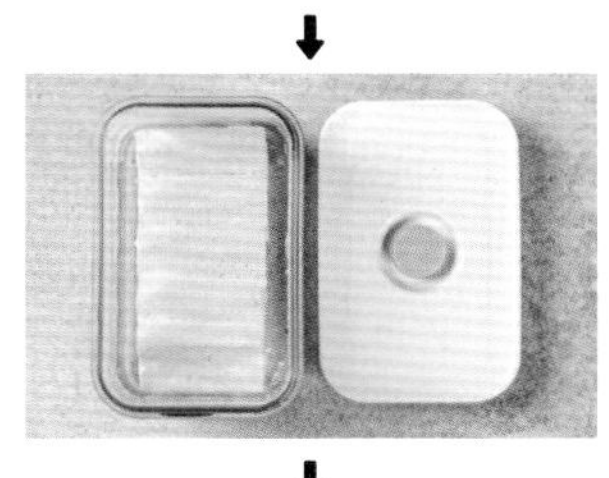

두부

- 5cm 길이로 썰어 생수에 담가 보관합니다.

대파

- 1 + ½대는 0.5cm 두께로 썰어줍니다.
- 1대는 5cm 길이로 썰어줍니다.
- 1대는 다져줍니다.

재료 보관

손질 재료 소분하기

· 돼지고기 앞다리살 300g
· 깍둑썰기 한 감자 1개
· 깍둑썰기 한 양파 1개
· 깍둑썰기 한 애호박 ½개
· 깍둑썰기 한 새송이버섯 1개
· 0.5cm 두께로 썬 대파 1대와 청양고추 2개

화

· 콩나물 1봉(생수에 담가 보관)
· 5cm 길이로 썰어둔 쪽파 ¼단
· 0.5cm 두께로 썬 양파 1개와 청양고추 2개
· 1cm 두께로 길게 썬 어묵 3장과 새송이버섯 2개

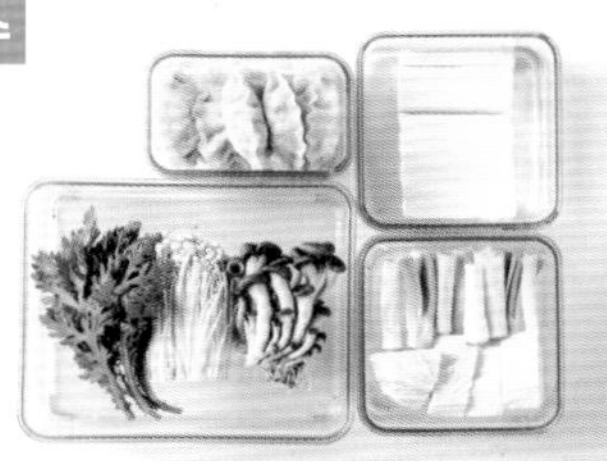

· 냉동 만두 10개(냉동 보관)
· 3cm 두께로 썬 배추 ½통
· 5cm 길이로 썬 두부(생수에 담가 보관)1모와 대파 1대
· 세척한 쑥갓 50g · 김치 ¼포기
· 팽이버섯 1봉
· 느타리버섯 200g

· 배춧잎 8장
· 잘게 썬 대파 ½대
· 잘게 썬 양파 ½개

※ 각 과정의 이미지는 참고용으로 실제와 다를 수 있습니다. 반드시 설명을 읽고 따라 하십시오.

· 돼지고기 앞다리살 300g(냉동 보관)
· 콩비지 200g
· 먹기 좋게 썬 익은 김치 ¼포기
· 0.5cm 두께로 썬 청양고추 2개
· 0.5cm 두께로 썬 대파 ½개

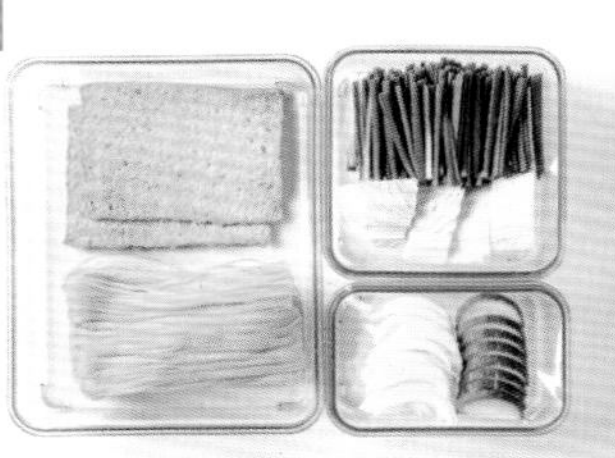

· 쫄면 사리 2인분
· 사각 썰기 한 어묵 2장
· 0.5cm 두께로 썬 양파 ½개와 애호박 ½개
· 3등분한 쪽파 ½단
· 3cm 두께로 썬 배추 ¼통

· 달걀 3개
· 다진 대파 ½대

돼지고기짜글이 30분 소요 | 난이도 하 | 냉장 5일 이내

냉장고에 있는 자투리 채소를 활용하기 좋은 얼큰하고 맛있는 요리예요. 냄비에 넣고 바글바글 끓여 푹 익은 재료와 맛있는 빨간 양념을 밥에 슥 비벼 먹으면 이만한 반찬이 없어요.

재료

- 감자 1개 • 청양고추 2개
- 돼지고기 앞다리살 300g
- 양파 1개 • 애호박 ½개
- 새송이버섯 1개 • 대파 1대
- 식용유 2큰술
- 물 1 + ½컵(270ml)

양념장

- 고추장 2큰술
- 고춧가루 2큰술
- 다진 마늘 1 + ½큰술
- 진간장 2큰술 • 매실액 2큰술
- 올리고당 1큰술
- 된장 ½큰술
- 설탕 ½큰술 • 맛술 1큰술

❶ 감자, 양파, 애호박, 버섯은 깍둑썰기 합니다.

❷ 대파, 청양고추는 0.5cm 두께로 썰어줍니다.

❸ 냄비에 식용유를 두르고 돼지고기를 넣어 3분간 볶습니다.

❹ 고기가 반 정도 익으면 감자, 양파를 넣고 5분간 볶습니다.

❺ 물과 분량의 재료로 만든 양념장을 넣고 5분간 끓입니다.

❻ 애호박, 버섯, 대파, 청양고추를 넣고 중간 불에서 10분, 중약불에서 15분간 끓여 완성합니다.

NOTE 돼지고기는 어느 부위든 상관없어요. 스팸으로 대체해도 좋아요.

콩나물어묵버섯찜

20분 소요 | 난이도 하 | 냉장 3일 이내

쉽게 구할 수 있는 재료로 간단하게 찜으로 만들어 반찬으로 먹을 수 있어요. 특별한 조리 없이 양념장에 볶고 전분물을 살짝 넣어주면 양념이 걸쭉해지면서 색다른 찜으로 먹을 수 있어요.

재료

- 콩나물 1봉
- 새송이버섯 2개
- 쪽파 ¼단 • 양파 1개
- 어묵 3장 • 청양고추 2개
- 물 1컵(180ml)
- 참기름 1큰술 • 전분물 4큰술
- 후춧가루 약간 • 통깨 1큰술

양념장

- 고추장 2큰술
- 고춧가루 2큰술 • 설탕 1큰술
- 올리고당 1큰술 • 맛술 2큰술
- 다진 마늘 1큰술
- 진간장 1큰술
- 참치액젓 1큰술

❶ 콩나물은 깨끗이 씻어 물기를 털어줍니다.

❷ 쪽파는 5cm 길이로 썰어줍니다.

❸ 양파, 청양고추는 0.5cm 두께로 썰어줍니다.

❹ 어묵, 새송이버섯은 1cm 두께로 길게 썰어줍니다.

❺ 냄비에 물 1컵을 넣고 끓기 시작하면 콩나물, 어묵, 양파, 버섯을 넣고 3분간 끓입니다.

❻ 분량의 재료로 만든 양념장을 모두 넣고 끓기 시작하면 쪽파, 청양고추를 넣고 볶습니다.

❼ 전분물 4큰술을 넣고 1분간 끓인 뒤 마지막으로 후춧가루와 참기름, 통깨를 넣어 볶습니다.

NOTE 전분물은 물 ⅓컵 + 전분 1큰술을 넣어 만듭니다.

김치만두전골

20분 소요 | 난이도 하 | 냉장 5일 이내

빨간 양념장을 만들어서 간단하게 냄비에 모든 재료를 넣고 끓이면 골라 먹는 재미가 있는 만두전골이 완성됩니다. 잘 익은 김치를 넣고 팔팔 끓이면 깔끔하고 얼큰하게 먹을 수 있어요.

재료

- 냉동 만두 10개
- 김치 ¼포기
- 느타리버섯 200g
- 팽이버섯 1봉
- 두부 1모 • 대파 1대
- 배추 ½통
- 쑥갓 50g
- 쌀뜨물 400ml

양념장

- 고춧가루 2큰술
- 다진 마늘 1큰술
- 맛술 2큰술
- 국간장 2큰술
- 참치액젓 2큰술

❶ 배추는 3cm 두께로 썰어줍니다.

❷ 두부, 대파는 5cm 길이로 썰어줍니다.

❸ 분량의 재료로 양념장을 만듭니다.

❹ 냄비에 모든 재료를 넣습니다.

❺ 재료가 반 정도 잠길 만큼 쌀뜨물을 붓습니다.

❻ 중간 불에서 10분간 끓입니다.

NOTE 불린 당면을 넣어 끓여도 맛있어요.

배추말이구이

20분 소요 | 난이도 하 | 냉장 5일 이내

배추를 돌돌 말아 살짝 구워내면 평소 먹어보지 못한 묘한 매력이 있는 배추 요리가 탄생합니다. 배추만 먹기 심심하다면 만두소처럼 만들어 함께 말아서 구워 먹어도 정말 맛있어요.

재료

- 배춧잎 8장
- 들기름 4큰술
- 물 3큰술
- 통깨 1큰술

양념장

- 진간장 2큰술
- 올리고당 1 + ½큰술
- 잘게 썬 대파 ½대
- 잘게 썬 양파 ½개
- 다진 마늘 ½큰술

❶ 배추 겉잎 8장은 깨끗이 씻어서 준비합니다.

❷ 그릇에 담아 물 3큰술을 넣고 랩을 씌워 전자레인지에 6분간 돌립니다.

❸ 분량의 재료로 양념장을 만듭니다.

❹ 배추를 돌돌 말아줍니다.

❺ 프라이팬에 들기름을 두르고 배추를 앞뒤로 노릇노릇 구워줍니다.

❻ 양념장을 넣어 중약불에서 2분간 구워줍니다.

❼ 통깨를 톡톡 뿌려 마무리합니다.

NOTE 배추 끝의 두꺼운 부분을 살짝 잘라내면 쉽게 말 수 있어요.

돼지고기김치비지찌개

20분 소요 | 난이도 하 | 냉장 7일 이내

비지는 마트에서 소량으로 구매할 수도 있지만, 두부 전문점에 가면 무료로 주는 곳도 꽤 있어요. 두부 전문점에서 두부를 사면서 비지 1봉지 가져와 간단하고 맛있는 찌개를 끓여보세요.

재료

- 돼지고기 앞다리살 300g
- 익은 김치 ¼포기
- 콩비지 200g
- 김칫국물 ½컵(50ml)
- 대파 ½대
- 청양고추 2개
- 식용유 2큰술
- 쌀뜨물 450ml

양념

- 참치액젓 2큰술
- 다진 마늘 1큰술
- 맛술 1큰술

❶ 돼지고기 앞다리살은 다진 마늘 1큰술, 맛술 1큰술을 넣고 버무립니다.

❷ 김치는 먹기 좋은 크기로 썰어줍니다.

❸ 냄비에 식용유를 두르고 돼지고기를 넣어 볶습니다.

❹ 고기가 반 정도 익으면 김치를 넣고 5분간 볶습니다.

❺ 쌀뜨물, 김칫국물을 넣고 3분간 끓여줍니다.

❻ 비지를 넣어 잘 섞은 뒤 0.5cm 두께로 썰어 둔 대파와 청양고추를 넣고 참치액젓 2큰술로 간을 맞춥니다.

❼ 중간 불에서 5분간 끓여 완성합니다.

쫄면어묵우동 20분 소요 | 난이도 하 | 냉장 5일 이내

우동 면을 넣는 게 아니라 쫄면으로 만드는 우동은 색다른 별미에요. 쫄면으로 끓여 걸쭉해진 국물과 쫄깃한 면발이 추운 겨울 속을 달래주죠.

재료

- 쫄면 사리 2인분
- 양파 ½개
- 어묵 2장
- 애호박 ½개
- 김가루 약간
- 물 1L
- 멸치 국물 팩 1개
- 후춧가루 약간
- 통깨 ½큰술

양념

- 참치액젓 4큰술

❶ 어묵은 사각 썰기 합니다.

❷ 양파와 애호박은 0.5cm 두께로 썰어줍니다.

❸ 쫄면은 끓는 물에 2분간 삶아 찬물에 헹굽니다.

❹ 물 1L에 멸치 국물 팩을 넣어 만든 멸치 국물에 양파, 어묵, 애호박을 넣고 3분간 끓입니다.

❺ 쫄면을 넣고 참치액젓을 넣은 뒤 간을 맞춥니다.

❻ 후춧가루, 통깨, 김가루를 뿌립니다.

NOTE 3일 차에 사놓은 냉동 만두를 4번 단계에 같이 넣고 끓여도 아주 좋아요.

배추쪽파김치

10분 소요 | 난이도 하 | 냉장 3주 이내

김치는 레시피가 어렵고 복잡하다는 생각은 이제 버려도 돼요. 5분 만에 아주 간단하게 맛있는 쪽파김치를 만들 수 있어요. 면 요리, 고기 요리 모두 다 잘 어울리는 간단 쪽파김치를 만들어보세요.

재료

- 쪽파 ½단
- 배추 ¼통

양념장

- 고춧가루 6큰술
- 멸치액젓 5큰술
- 올리고당 3큰술
- 다진 마늘 1큰술
- 매실액 2큰술
- 통깨 2큰술

❶ 배추는 3cm 두께로 썰어줍니다.

❷ 쪽파는 3등분합니다.

❸ 분량의 재료로 양념장을 만듭니다.

❹ 쪽파 흰 부분을 먼저 양념장에 버무립니다.

❺ 나머지 배추, 쪽파를 넣고 버무립니다.

NOTE 올리고당은 쪽파가 쉽게 무르지 않고 윤기를 돌게 해주는 역할을 해요. 단맛의 정도는 1~2큰술로 취향에 맞게 조절해주세요.

푸딩달걀찜 10분 소요 | 난이도 하 | 냉장 3일 이내

부드러운 푸딩 같은 달걀찜을 만들어보세요. 만드는 과정이 간단해서 국이 없어 아쉬울 때나 바쁜 아침 금세 만들어 상에 올리기 딱 좋아요.

재료

- 달걀 3개
- 대파 ½대
- 물 2컵(360ml)

양념

- 들기름 1큰술
- 소금 ⅓큰술

❶ 대파는 잘게 다집니다.

❷ 전자레인지 용기에 달걀, 들기름 1큰술, 소금 ⅓큰술을 넣고 저어줍니다.

❸ 물과 다진 대파를 넣고 저어줍니다.

❹ 뚜껑을 덮고 전자레인지에 6분간 돌려줍니다.

NOTE 전자레인지에 돌릴 때는 4분 정도 뒤에 뚜껑을 열고 확인해주세요.

3만 원 일주일 집밥

보글보글 밀키트

보글보글 소리가 행복해지는
일주일 식단 계획표

겨울에 꼭 먹어야 하는 뜨끈한 찜, 탕, 찌개와 무생채를 넣은 알찬 식단이에요. 찬 바람을 맞으며 집에 돌아왔을 때, 갓 지은 밥 냄새와 보글보글 끓는 뜨끈한 음식은 생각만 해도 미소가 절로 지어지고, 추운 몸을 달래주는 듯한 기분이 들어요. 따뜻하고 행복한 집밥을 먹길 바라는 마음을 담은 레시피로 구성했습니다.

※ 연출된 이미지로 실제와 다를 수 있습니다.

TOTAL 3만 원

밀키트 재료 준비하기

주재료	부재료	양념
☑ 당면 100g	☐ 양파 2개	☐ 진간장
☐ 닭 1마리	☐ 대파 6 + ½대	☐ 올리고당
☐ 숙주 200g	☐ 대파 흰 부분 5대 분량	☐ 맛술
☐ 느타리버섯 400g	☐ 청양고추 2개	☐ 굴소스
☐ 돼지 등뼈 1kg	☐ 김치 ¼포기	☐ 다진 마늘
☐ 찬밥 1공기	☐ 멸치 국물 팩 1개	☐ 후춧가루
☐ 콩나물 200g	☐ 통마늘 13개	☐ 설탕
☐ 어묵 10장		☐ 고추장
☐ 무 1개		☐ 참치액젓
☐ 참치 캔 1개		☐ 국간장
☐ 순두부 1봉		☐ 통깨
☐ 돼지고기 앞다리살 500g		☐ 카레가루
☐ 밥 1공기		☐ 고춧가루
		☐ 통후추
		☐ 식용유
		☐ 새우젓
		☐ 참기름
		☐ 굵은소금
		☐ 멸치 액젓

30분 만에 완성

밀키트 재료 손질하기

start!

돼지 등뼈

- 등뼈는 흐르는 물에 깨끗이 씻고 찬물에 1시간 동안 담가 핏물을 제거합니다.
- 핏물을 제거한 등뼈는 냉장 보관합니다.

↓

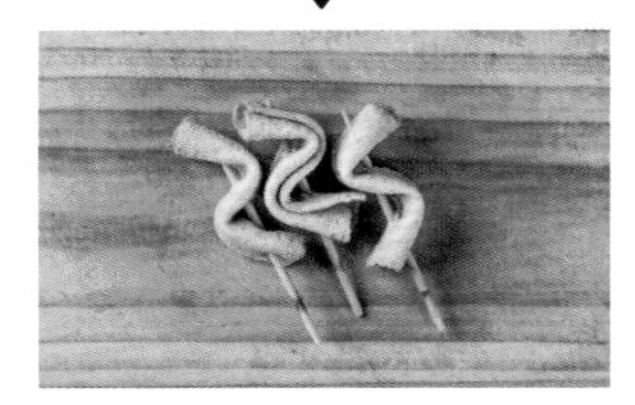

어묵

- 어묵은 꼬치에 꽂아 미리 준비해둡니다.

↓

무

- ⅔개는 얇게 채 썰어줍니다.
- 나머지 ⅓개는 큼직하게 썰어줍니다.

↓

양파

- 양파 1개는 껍질을 제거하고 반으로 썰어놓습니다.
- ½개는 1cm 두께로 채 썰어 준비합니다.
- ½개는 깍둑썰기 합니다.

↓

대파

- 3대는 5cm, 1대는 3cm, 1 + ½대는 1cm 두께로 썰어줍니다.
- 1대는 잘게 썰어줍니다.
- 흰 부분 5대를 따로 준비합니다.

김치

- 김치는 잘게 썰어줍니다.

돼지고기 앞다리살

- 200, 300g씩 간격을 두어 밀폐 용기에 넣어서 냉동 보관합니다.

숙주, 콩나물

- 흐르는 물에 씻어 생수에 담가 보관합니다.

※ 각 과정의 이미지는 참고용으로 실제와 다를 수 있습니다. 반드시 설명을 읽고 따라 하십시오.

재료 보관

손질 재료 소분하기

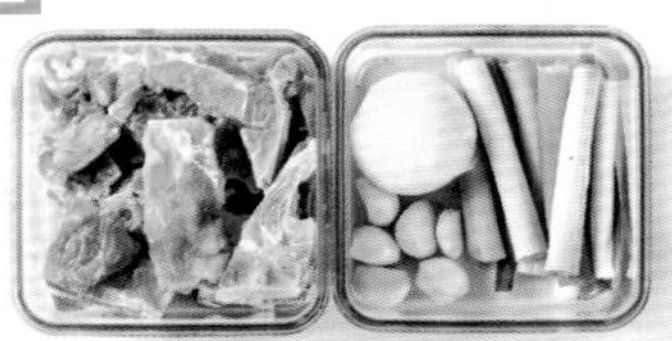

· 돼지 등뼈 1kg
· 양파 1개, 대파 흰 부분 3대, 마늘 7톨

· 닭 1마리(그대로 보관)
· 5cm 길이로 썬 대파 3대, 대파 흰 부분 2대, 느타리버섯 300g
· 숙주 200g(공용 재료 / 생수에 담가 보관)
· 마늘 6톨

· 돼지고기 앞다리살 300g(냉동 보관)
· 깍둑썰기 한 양파 ½개
· 콩나물 200g(공용 재료 / 생수에 담가 보관)
· 0.5cm 두께로 썬 청양고추 2개
· 3cm 길이로 썬 대파 1대

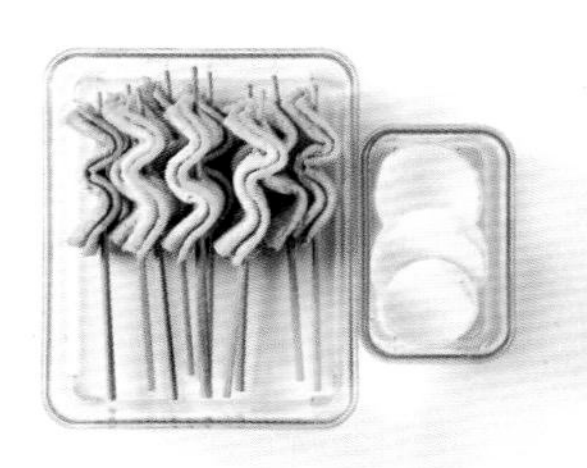

· 꼬치에 꽂은 어묵 10장
· 무 ⅓개
· 1cm 두께로 썬 대파 ½대

※ 각 과정의 이미지는 참고용으로 실제와 다를 수 있습니다. 반드시 설명을 읽고 따라 하십시오.

금

· 잘게 썬 김치 ¼포기
· 잘게 썬 대파 1대
· 참치 캔 1개

토

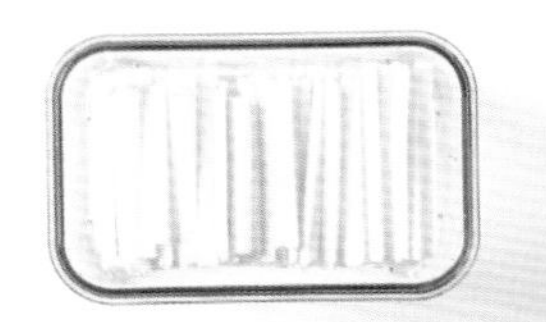

· 채 썬 무 ⅔개

일

· 돼지고기 앞다리살 200g(냉동 보관)
· 순두부 1봉
· 느타리버섯 100g
· 1cm 두께로 썬 양파 ½개와 대파 1대

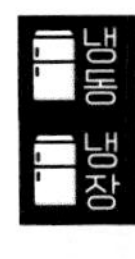

공용

· 숙주 200g, 콩나물 200g(생수에 담가 보관)

간장등뼈찜

1시간 소요 | 난이도 중 | 냉장 3일 이내

저렴한 생등뼈로 푸짐하게 한 끼 식사를 할 수 있어요. 감자탕으로 만들어 먹어도 좋고, 더 간단하게 간장소스를 넣어 달콤짭짤하고 부드럽게 조리하면 이만한 가성비 한 끼가 없어요.

재료

- 돼지 등뼈 1kg
- 양파 1개
- 대파 흰 부분 3대 분량
- 마늘 7개
- 당면 100g • 설탕 1큰술

양념

- 물 3컵(540ml)
- 진간장 90ml
- 올리고당 3큰술
- 맛술 90ml
- 굴소스 2큰술
- 다진 마늘 1큰술
- 후춧가루 약간
- 설탕 1큰술

❶ 돼지 등뼈는 흐르는 물에 깨끗이 씻습니다.

❷ 찬물에 ①을 넣고 설탕을 넣어 1시간 동안 담가 핏물을 제거합니다.

❸ 압력밥솥 또는 전기밥솥에 등뼈, 양파, 대파 흰 부분, 마늘을 넣고 30분간 삶습니다.

❹ 삶은 등뼈는 건져내고 건더기는 버립니다.

❺ 냄비에 분량의 양념장 재료를 넣고 끓입니다.

❻ 끓기 시작하면 삶은 등뼈를 넣고 중간 불에서 10~15분간 끓입니다.

❼ 미리 불려놓은 당면을 넣고 중간 불에서 10분 더 끓여서 마무리합니다.

NOTE 짜장가루 또는 춘장 1~2큰술을 넣으면 진한 색과 감칠맛을 더할 수 있어요.

닭개장

30분 소요 | 난이도 하 | 냉장 5일 이내

얼큰한 닭개장은 추운 겨울 속을 따뜻하고 든든하게 해주는 메뉴예요. 닭 1마리와 각종 버섯, 채소를 넣어 푹 끓이면 2~3일간 먹을 수 있어요. 닭 1마리 대신 닭 가슴살로 대체해도 좋아요.

재료

- 닭 1마리
- 대파 3대
- 숙주 200g
- 느타리버섯 300g
- 물 2L
- 대파 흰 부분 2대 분량
- 마늘 6톨
- 통후추 약간
- 식용유 50ml

양념

- 국간장 3큰술
- 다진 마늘 2큰술
- 고춧가루 4큰술

❶ 닭은 흐르는 물에 깨끗이 씻습니다.

❷ 큰 냄비에 물과 닭, 대파 흰 부분, 마늘, 통후추를 넣고 중간 불에서 15분간, 중약불에서 30분간 끓입니다.

❸ ②에서 닭을 건져내고 충분히 식힌 뒤 뼈와 살을 발라줍니다.

❹ 대파는 5cm 길이로 썰어줍니다.

❺ 냄비에 식용유를 두르고 대파를 중간 불에서 3분간 볶다가 발라놓은 살을 넣고 고춧가루 3큰술을 넣은 뒤 중약불에서 3분간 볶습니다.

❻ ⑤에 국간장을 넣고 3분간 볶습니다.

❼ ⑥에 ②에서 끓인 닭 육수를 붓고 5분간 끓입니다.

❽ 숙주, 느타리버섯, 다진 마늘, 고춧가루 1큰술을 넣고 10분간 끓입니다.

NOTE 기호에 따라 고춧가루, 국간장으로 간을 맞춰줍니다.

돼지고기콩나물얼큰국

20분 소요 | 난이도 하 | 냉장 5일 이내

콩나물은 다양하게 변신 가능한 식재료예요. 레시피에 포함된 재료 외에도 냉장고에 있는 다양한 식재료를 넣어 얼큰하게 끓여도 좋아요.

재료

- 콩나물 200g
- 돼지고기 앞다리살 300g
- 양파 ½개
- 청양고추 2개
- 대파 1대
- 식용유 4큰술
- 물 3컵(540ml)

양념

- 고춧가루 3큰술
- 다진 마늘 1큰술
- 맛술 2큰술
- 고추장 ½큰술
- 새우젓 1큰술(또는 참치액젓)

❶ 대파는 3cm 길이로 썰어줍니다.

❷ 양파는 깍둑 썰기합니다.

❸ 청양고추는 0.5cm 두께로 썰어줍니다.

❹ 냄비에 식용유를 두르고 대파를 넣어 3분간 볶습니다.

❺ 고춧가루, 다진 마늘을 넣고 중약불에서 2분간 볶습니다.

❻ 돼지고기, 맛술을 넣고 볶습니다.

❼ 돼지고기가 반 정도 익으면 물을 넣고 양파와 고추장을 넣은 뒤 5분간 끓입니다.

❽ 새우젓 1큰술 또는 참치액젓 2큰술을 넣어 간을 맞춥니다.

❾ 콩나물과 청양고추를 넣고 5분간 끓입니다.

매운어묵꼬치탕 30분 소요 | 난이도 하 | 냉장 5일 이내

겨울 하면 무조건 생각나는 어묵! 꼬치에 취향대로 꽂아 집에서도 어묵꼬치탕을 매콤하게 먹을 수 있어요. 맵지 않게 먹으려면 양념장을 빼고 참치액젓으로 간을 맞추면 됩니다.

재료

- 어묵 10장
- 무 ⅓개
- 멸치 국물 팩 1개
- 물 600ml
- 통깨 약간
- 대파 ½대

양념장

- 고추장 2큰술
- 고춧가루 1 + ½큰술
- 다진 마늘 1큰술
- 맛술 2큰술 • 올리고당1큰술
- 설탕 1큰술 • 참치액젓 2큰술
- 진간장 2큰술
- 후춧가루 약간

❶ 어묵은 꼬치에 꽂습니다.

❷ 분량의 재료로 양념장을 만듭니다.

❸ 냄비에 물, 멸치 국물 팩, 양념장, 무를 넣고 5분간 끓입니다.

❹ 어묵을 넣고 5분간 끓입니다.

❺ 어묵 한쪽 면에 남은 양념을 바릅니다.

❻ 1cm 두께로 썰어준 대파, 통깨를 뿌려 마무리합니다.

NOTE · 어묵 외에도 곤약, 가래떡 등 다양한 재료를 꼬치에 꽂아 같이 끓여도 좋아요.

김치참치볶음밥

20분 소요 | 난이도 하 | 냉장 7일 이내

김치볶음밥은 언제나 사랑받는 음식이죠. 여기에 참치까지 넣으면 부족함을 채워주기도 하고 고소함을 더해주기도 해요.

재료

- 김치 ¼포기
- 참치캔 1개
- 대파 1대
- 찬밥 1공기
- 식용유 2큰술

양념

- 고춧가루 ½큰술
- 설탕 ½큰술
- 진간장 1큰술
- 참기름 1큰술

❶ 대파는 잘게 썰어줍니다.

❷ 프라이팬에 기름을 두르고 대파를 3분간 볶습니다.

❸ 잘게 썬 김치를 넣고 3분간 볶습니다.

❹ 고춧가루 ½큰술, 설탕 ½큰술을 넣고 가볍게 볶습니다.

❺ 가장자리에 진간장 1큰술을 두르고 살짝 태우듯 볶습니다.

❻ 참치를 넣고 볶습니다.

❼ 찬밥을 넣고 골고루 볶습니다.

❽ 마지막으로 참기름 1큰술을 넣고 볶습니다.

NOTE 참치 대신 고추참치를 활용하면 감칠맛이 더 좋아요.

무생채비빔밥

30분 소요 | 난이도 하 | 냉장 7일 이내

무생채는 레시피도 간단한데 맛있는 최고의 반찬인 듯해요. 무엇이든 같이 먹어도 좋은 반찬이 되기도 하고, 뜨끈한 밥에 참기름 넣고 비벼 먹으면 정말 맛있는 비빔밥이 완성되죠.

재료

- 무 ⅔개
- 밥 1공기

양념

- 고춧가루 3큰술
- 다진 마늘 1큰술
- 설탕 ½큰술
- 굵은소금 1큰술
- 멸치액젓 2큰술
- 통깨 2큰술

❶ 무는 얇게 채 썰어줍니다.

❷ ①에 굵은소금 1큰술, 설탕 ½큰술을 넣고 30분간 절입니다.

❸ 절인 무에서 나온 물을 체에 밭쳐 걸러냅니다.

❹ 고춧가루를 넣고 먼저 버무립니다.

❺ 나머지 양념을 모두 넣고 버무립니다.

❻ 밥과 함께 먹습니다.

NOTE 양념에 부추를 넣어 버무려 먹어도 맛있어요.

카레순두부찌개

20분 소요 | 난이도 하 | 냉장 7일 이내

늘 칼칼한 순두부찌개를 먹었다면 이번엔 카레 향 물씬 나는 특별한 순두부찌개를 만들어보는 건 어떨까요. 은은한 카레 향과 얼큰한 맛이 어우러져 부드러운 순두부와 함께 먹으면 정말 맛있어요.

재료

- 순두부 1봉
- 돼지고기 앞다리살 200g
- 느타리버섯 100g
- 양파 ½개
- 대파 1대
- 식용유 4큰술

양념

- 카레가루 4큰술
- 물 1컵(180ml)
- 고춧가루 1큰술
- 진간장 1큰술
- 후춧가루 약간

❶ 대파와 양파는 1cm 두께로 썰어줍니다.

❷ 냄비에 기름을 두르고 대파를 3분간 볶습니다.

❸ 돼지고기를 넣고 볶다가 반 정도 익으면 양파, 버섯을 넣고 5분간 더 볶아줍니다.

❹ 물 1컵을 넣고 카레가루 4큰술, 고춧가루 1큰술, 진간장 1큰술을 넣고 5분간 끓입니다.

❺ 순두부를 넣고 후춧가루를 살짝 뿌린 뒤 대파를 넣어 5분 더 끓입니다.

5만 원 일주일 집밥

영양 듬뿍 밀키트

겨울 식재료를 담아 든든한

일주일 식단 계획표

겨울 제철 식재료를 듬뿍 담아본 일주일 식단이에요. 무, 배추, 삼치는 겨울에 가장 맛있고 영양가가 풍부해요. 감기 걸리기 쉬운 계절이니 무를 자주 먹어 감기를 물리쳐보자고요. 하얀 눈이 떠오르는 피자치즈를 듬뿍 올린 탕수육과 마요네즈소스로 만든 삼치구이를 준비해봤어요.

※ 연출된 이미지로 실제와 다를 수 있습니다.

TOTAL 5만 원

밀키트 재료 준비하기

주재료	부재료	양념
☑ 부추 300g	☐ 대파 5 + ½대	☐ 진간장
☐ 불고기용 소고기 100g	☐ 양파 5개	☐ 고춧가루
☐ 콩나물 200g	☐ 청양고추 6개	☐ 다진 마늘
☐ 돼지고기 앞다리살 600g	☐ 홍고추 1개	☐ 올리고당
☐ 두부 1모	☐ 피자치즈 300g	☐ 매실액
☐ 냉동 탕수육 300g	☐ 다시마 2장	☐ 참기름
☐ 파프리카 2개	☐ 김칫국물 1컵(180ml)	☐ 통깨
☐ 삼치 1마리	☐ 김치 ½포기	☐ 참치액젓
☐ 무 1개	☐ 쌀뜨물 1,320ml	☐ 전분
☐ 배추(알배추) 1통	☐ 파슬리가루 약간(선택)	☐ 토마토케첩
☐ 숙주 200g	☐ 멸치 국물 팩 1개	☐ 굴소스
☐ 콩나물 200g	☐ 들깻가루 2큰술	☐ 식초
☐ 느타리버섯 200g	☐ 익은 김치 ¼포기	☐ 설탕
☐ 불린 쌀 2컵		☐ 마요네즈
		☐ 참치액젓
		☐ 국간장
		☐ 들기름
		☐ 맛술
		☐ 식용유
		☐ 후춧가루
		☐ 소금

2

40분 만에 완성

밀키트 재료 손질하기

start!

불고기용 소고기 양념

• 키친타월로 핏물을 제거하고 설탕 1큰술을 넣어 버무린 뒤 불고기 양념(진간장 3큰술, 굴소스 ½큰술, 맛술 2큰술, 올리고당 1큰술, 다진 마늘 1큰술, 참기름 1큰술)을 넣어 버무린 다음 보관합니다.

↓

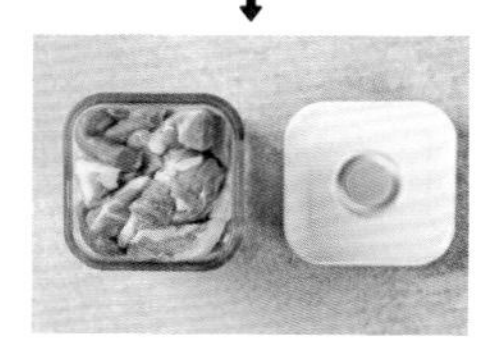

돼지고기 앞다리살

• 300g은 밀폐 용기에 담아 냉장 보관합니다.
• 300g은 밀폐 용기에 담아 냉동 보관합니다.

↓

삼치

• 삼치는 흐르는 물에 씻고 키친타월로 물기를 꼼꼼히 제거합니다. 그런 다음 랩을 씌워 바로 냉동 보관합니다(식초를 앞뒤로 한 번씩 발라 냉동 보관하면 비린내도 잡고 싱싱함을 오래 유지할 수 있습니다).

↓

부추

• 100g은 잘게 썰어줍니다.
• 200g은 5cm 길이로 썰어줍니다.

↓

파프리카

• 1개는 탕수육소스용으로 깍둑썰기 합니다.
• 1개는 잘게 다집니다.

↓

무

• 무조림용 ½개는 2cm 두께로 썰어줍니다.
• ½개는 잘게 채 썰어줍니다.

배추

• ½통은 3cm 길이로 썰어 보관합니다.
• ½통은 2등분해 보관합니다.

양파

• 1개는 잘게 다집니다.
• ½개는 0.5cm 두께로 썰어줍니다.
• 1개는 탕수육용으로 깍둑썰기 합니다.
• 1 + ½개는 1cm 두께로 썰어줍니다.
• 1개는 적당히 썰어줍니다.

대파

• 1 + ½대는 1cm 두께로 썰어줍니다.
• 1 + ½대는 잘게 썰어줍니다.
• 1대는 3cm 길이로 썰어줍니다.
• 1 + ½대는 적당히 썰어줍니다.

공용

숙주, 콩나물

• 흐르는 물에 가볍게 씻은 뒤 생수에 담가 밀폐 용기에 보관합니다.

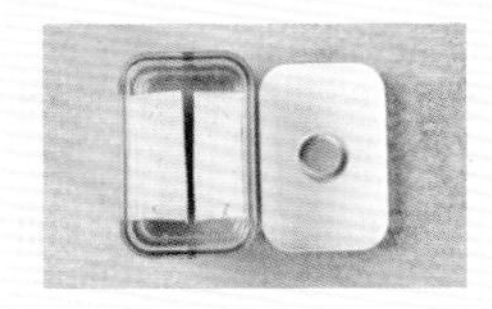

두부

• 두부는 생수에 담가 밀폐 용기에 보관합니다.

※ 각 과정의 이미지는 참고용으로 실제와 다를 수 있습니다. 반드시 설명을 읽고 따라 하십시오.

재료 보관

손질 재료 소분하기

- 양념에 재운 불고기 100g(밀키트 레시피 참조)
- 1cm 두께로 썬 대파 ½대
- 콩나물 200g(공용 재료)
- 부추짜박이(p.315 참조)
- 0.5cm 길이로 썬 양파 ½개

- 먹기 좋은 크기로 썬 김치 ½포기
- 1cm 두께로 썬 대파 1대, 청양고추 2개, 양파 ½개
- 돼지고기 앞다리살 300g
- 두부 ½모(공용 재료)

- 냉동 탕수육 300g(냉동 보관)
- 깍둑썰기 한 양파 1개와 파프리카 1개

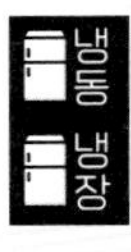

- 삼치 1마리(냉동 보관)
- 잘게 썬 대파 1대, 적당히 썬 청양고추 2개
- 2cm 두께로 썰어둔 무 ½개
- 적당히 썬 양파 1개, 대파 1대

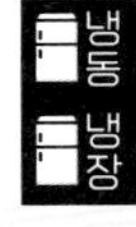

※ 각 과정의 이미지는 참고용으로 실제와 다를 수 있습니다. 반드시 설명을 읽고 따라 하십시오.

· 잘게 채 썬 무 ½개
· 두부 ½모(공용 재료)
· 적당히 썬 대파 ½대

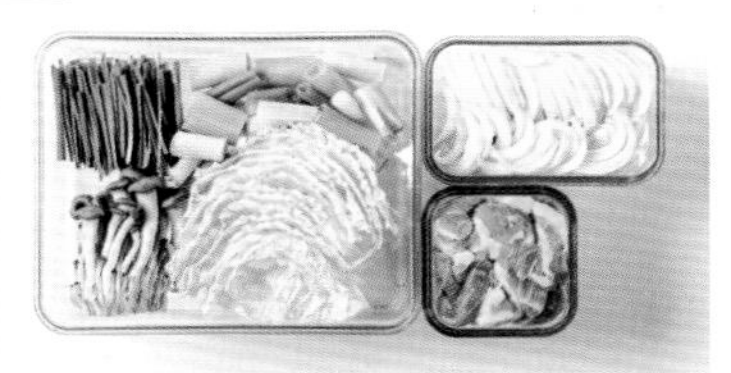

· 돼지고기 앞다리살(냉동 보관) 300g
· 5cm 길이로 썬 부추 200g
· 3cm 길이로 썬 배추 ½통과 대파 1대
· 1cm 두께로 썬 양파 1개
· 느타리버섯 200g
· 숙주 200g(공용 재료)

· 알배추 ½통
· 잘게 다진 파프리카 1개, 양파 ½개, 대파 ½대

공용

· 숙주 200g, 콩나물 200g(생수에 담가 밀폐 용기에 보관)
· 두부 1모(생수에 담가 밀폐 용기에 보관)

콩나물불고기솥밥

20분 소요 | 난이도 하 | 냉장 5일 이내

양념에 재운 불고기를 볶아서만 먹었다면, 이번에는 솥밥으로 즐겨보세요. 콩나물도 같이 넣어 아삭하게 씹히는 맛과 불고기의 양념이 은은하게 배어 있어 한 그릇 뚝딱하기 좋아요.

재료

- 양념에 재운 불고기용 소고기 100g(밀키트 레시피 참조)
- 콩나물 200g
- 불린 쌀 2컵
- 대파 ½대 • 양파 ½개
- 물 2컵(360ml)
- 참기름 1큰술
- 통깨 약간

양념

- 솥밥 양념: 참치액젓 1큰술, 참기름 2큰술, 통깨 1큰술

❶ 대파는 1cm 두께로 어슷썰기 합니다.

❷ 양파는 0.5cm 두께로 썰어줍니다.

❸ 팬에 양념에 재워둔 불고기와 대파, 양파를 넣고 볶습니다.

❹ 냄비에 불린 쌀과 물을 1:1 비율로 넣고 분량의 솥밥 양념을 넣습니다.

❺ 중간 불에 올려 바글바글 끓기 시작하면 가볍게 저어줍니다.

❻ 뚜껑을 덮고 중간 불에서 5분 정도 익힙니다.

❼ 콩나물과 ⑤의 불고기를 올리고 뚜껑을 닫은 뒤 약한 불에서 8분간 익힙니다.

❽ 마지막으로 참기름을 넣고 골고루 섞은 후 통깨를 올려 마무리합니다.

NOTE 불고기를 양념하기 전에 설탕에 먼저 버무리면 고기에 양념이 더 잘 배어 더욱 맛있게 먹을 수 있어요. 미리 재워놓지 않았다면 앞의 밀키트 레시피를 참고해 10분간 재워주세요.

부추짜박이

5분 소요 | 난이도 하 | 냉장 2주 이내

다른 반찬 없어도 부추짜박이만 있으면 밥 한 공기를 뚝딱 먹을 수 있어요. 양배추쌈에 같이 먹어도 좋고, 콩나물밥에 얹어 살살 비벼 먹으면 너무 맛있어요.

재료

- 부추 100g • 양파 ½개
- 청양고추 2개 • 홍고추 1개

양념장

- 진간장 ½컵(90ml)
- 고춧가루 1큰술
- 다진 마늘 1큰술
- 올리고당 2큰술
- 매실액 2큰술
- 참기름 3큰술 • 통깨 2큰술

❶ 부추는 깨끗이 씻어 물기를 털어줍니다.

❷ 부추, 양파, 청양고추, 홍고추는 잘게 썰어줍니다.

❸ 통에 모든 재료를 담은 뒤 분량의 재료로 만든 양념장을 넣어 잘 섞습니다.

NOTE 부추짜박이에 고춧가루만 빼고 반숙 달걀과 진간장 1컵(간은 물 ½컵으로 취향에 맞게 조절)을 넣으면 밥도둑 반숙달걀장이 완성됩니다.

돼지고기김치찌개

20분 소요 | 난이도 하 | 냉장 5일 이내

뜨끈한 밥에 잘 끓인 김치찌개에 들어 있는 김치와 돼지고기, 김가루를 넣고 달걀 프라이를 올려 슥슥 비벼 먹으면 너무 행복해져요.

재료

- 김치 ½포기 • 양파 ½개
- 청양고추 2개 • 대파 1대
- 돼지고기 앞다리살 300g
- 두부 ½모
- 김칫국물 1컵(180ml)
- 식용유 2큰술
- 쌀뜨물 600ml

양념

- 설탕 ½큰술
- 고춧가루 1큰술
- 참치액젓 1큰술
- 다진 마늘 1큰술

❶ 잘 익은 김치는 먹기 좋은 크기로 썰어줍니다.

❷ 대파, 양파, 청양고추는 1cm 두께로 썰어줍니다.

❸ 냄비에 기름을 두르고 대파, 양파를 넣은 뒤 3분간 볶다가 돼지고기를 넣고 설탕을 넣은 다음 5분간 볶습니다.

❹ 김치, 고춧가루 1큰술을 넣고 5분간 볶습니다.

❺ 쌀뜨물, 김칫국물, 다진 마늘 1큰술을 넣고 5분간 끓입니다.

❻ 참치액젓 1큰술을 넣고 두부, 청양고추를 넣은 다음 5분간 더 끓입니다.

김치피자탕수육

20분 소요 | 난이도 하 | 냉장 5일 이내

대학생 시절 정말 많이 먹은 추억의 음식 '김피탕'. 김치와 피자치즈, 탕수육의 조합이 색다른 맛을 냅니다. 막걸리 안주로도 딱이에요.

재료

- 냉동 탕수육 300g
- 익은 김치 ¼포기
- 양파 1개 • 파프리카 1개
- 전분물 5큰술
- 물 2컵(360ml)
- 피자치즈 300g
- 식용유 2큰술

소스

- 토마토케첩 3큰술
- 굴소스 1큰술
- 식초 2큰술
- 설탕 2큰술
- 진간장 1큰술

❶ 파프리카와 양파는 깍둑썰기 합니다.

❷ 김치는 먹기 좋은 크기로 썰어줍니다.

❸ 냉동 탕수육은 기름 또는 에어프라이어에 180℃로 10분간 바삭하게 튀깁니다.

❹ 팬에 기름을 두르고 ②의 김치를 넣어 5분간 볶습니다.

❺ 양파, 파프리카를 넣고 5분간 더 볶습니다.

❻ 물 2컵과 분량의 재료로 만든 소스를 넣고 3분간 끓입니다.

❼ 전분물 5큰술을 넣고 걸쭉하게 끓입니다.

❽ 탕수육 위에 ⑦의 소스를 붓고 피자치즈를 듬뿍 뿌립니다.

❾ 전자레인지에서 피자치즈가 충분히 녹을 때까지 돌립니다.

NOTE 물 ⅓컵 + 전분 1큰술로 전분물을 만듭니다.

대파마요네즈삼치구이

30분 소요 | 난이도 하 | 냉장 2일 이내

살이 통통한 삼치는 비린 맛이 적어 아이, 어른 모두가 좋아하는 생선이죠. 여기에 대파마요네즈를 발라서 구워 먹으면 평소 먹던 생선구이와 다른 요리로 즐길 수 있어요.

재료

- 삼치 1마리
- 대파 1대
- 소금 ⅓큰술
- 후춧가루 약간
- 식용유 3큰술

양념장

- 다진 마늘 1큰술
- 맛술 2큰술
- 마요네즈 2큰술
- 설탕 ½큰술
- 파슬리가루(선택)

❶ 삼치는 소금, 후춧가루로 밑간합니다.

❷ 대파는 잘게 썰어줍니다.

❸ 프라이팬에 기름을 두르고 삼치 겉면만 살짝 익힙니다.

❹ 잘게 썬 대파와 분량의 재료로 양념장을 만듭니다.

❺ 겉면만 익은 삼치 위에 양념장을 듬뿍 올립니다.

❻ 에어프라이어에 180℃로 15분간 돌립니다.

무조림 30분 소요 | 난이도 하 | 냉장 5일 이내

생선조림 먹을 때 잘 익은 무에 가장 먼저 손이 가곤 하죠. 그만큼 부드럽고 양념이 쏙 밴 무는 매력적이에요. 게다가 무는 소화를 촉진해주어 부담 없이 먹을 수 있는 식재료예요.

재료

- 무 ½개
- 물 4컵
- 양파 1개
- 대파 1대
- 청양고추 2개
- 다시마 2장

양념장

- 진간장 4큰술
- 고춧가루 2큰술
- 다진 마늘 1큰술
- 참치액젓 1큰술
- 맛술 1큰술
- 올리고당 1큰술

❶ 무는 2cm 두께로 썰어줍니다.

❷ 냄비에 무를 깔고 다시마 2장을 올립니다.

❸ 물을 넣고 뚜껑을 덮은 뒤 강한 불에서 5분, 중간 불에서 7분간 끓입니다.

❹ 양파, 대파, 청양고추를 적당한 크기로 썰어줍니다.

❺ 다시마는 건져내고 양파, 대파, 청양고추, 분량의 재료로 만든 양념장을 넣은 뒤 뚜껑을 덮고 중간 불에서 10분간 끓입니다.

❻ 양념을 끼얹으며 국물이 자작해질 때까지 조립니다.

들깨뭇국 30분 소요 | 난이도 하 | 냉장 5일 이내

무를 푹 끓여 시원하고, 들깨가 어우러져 추운 아침에 따뜻하게 먹기 좋은 데다 구수한 맛이 나는 국이에요. 무는 몸에 좋은 식재료이기도 하니 뭐 해 먹을지 생각나지 않을 때 맛과 영양이 가득한 뭇국을 끓여보길 추천합니다.

재료

- 무 ½개
- 대파 ½대
- 들깻가루 2큰술
- 들기름 2큰술
- 두부 ½모
- 물 600ml
- 멸치 국물 팩 1개

양념

- 국간장 1큰술
- 참치액젓 2큰술
- 다진 마늘 1큰술

❶ 무는 얇게 채 썰어줍니다.

❷ 두부는 깍둑썰기 합니다.

❸ 냄비에 들기름을 넣고 무를 넣어 중간 불에서 5분간 볶습니다.

❹ 물에 멸치 국물 팩을 넣어 끓인 다음 다진 마늘 1큰술, 국간장 1큰술, 참치액젓 2큰술을 넣고 중간 불에서 5분간 더 끓입니다.

❺ 대파와 들깻가루, 두부를 넣고 중간 불에서 5분간 더 끓입니다.

NOTE 들기름의 발연점이 낮아 걱정된다면 2번 과정에서 들기름 대신 올리브 오일 2큰술을 넣고 볶다가 마지막 단계에 들기름 2큰술을 넣으면 됩니다.

짬뽕밥 20분 소요 | 난이도 하 | 냉장 4일 이내

얼큰하고 맛있는 짬뽕은 냉장고에 있는 자투리 채소만으로도 간단하게 만들 수 있어요. 홈메이드 짬뽕은 집마다 화력에 차이가 있어 중국집에서 사 먹는 짬뽕과 다를 수 있죠. 그렇지만 속이 편안하게 먹을 수 있을 거예요.

재료

- 돼지고기앞다리살 300g
- 대파 1대 • 양파 1개
- 부추 200g • 배추 ½통
- 숙주 200g • 청양고추 2개
- 느타리버섯 200g
- 식용유 4큰술
- 쌀뜨물 720ml

양념

- 진간장 2큰술
- 고춧가루 3큰술
- 소금 ⅓큰술
- 참치액젓 3큰술
- 다진 마늘 1큰술
- 후춧가루 ⅓큰술

❶ 부추는 5cm 길이로, 배추, 대파는 3cm 길이로 썰어줍니다.

❷ 양파는 1cm 두께로 썰어줍니다.

❸ 팬에 기름을 두르고 대파를 넣어 3분간 볶습니다.

❹ 돼지고기를 넣고 3분간 볶습니다.

❺ 양파, 버섯, 배추를 중간 불에서 3분간 볶습니다.

❻ 가장자리에 진간장 2큰술을 두르고 살짝 태우듯 볶습니다.

❼ 고춧가루 3큰술을 넣고 중약불에서 살짝 볶습니다.

❽ 쌀뜨물을 넣고 팔팔 끓입니다.

❾ 소금, 참치액젓, 다진 마늘, 후춧가루와 부추를 넣고 5분간 끓입니다.

❿ 그릇에 담아 숙주와 청양고추를 올려 완성합니다.

NOTE 돼지고기 대신 오징어, 새우 등 해산물로 대체하면 해물짬뽕밥으로 즐길 수 있어요. 느타리버섯 대신 목이버섯으로 대체해도 좋아요. 후춧가루는 취향에 맞게 조절하세요.

알배추찜

20분 소요 | 난이도 하 | 냉장 4일 이내

배추 요리 중 제가 가장 좋아하는 사천식 찜이에요. 메뉴명은 어렵게 느껴지지만, 레시피도 간단하고 새콤달콤한 소스가 배추와 아주 잘 어울려요. 집들이 메뉴로도 추천합니다.

재료

- 알배추 ½통
- 파프리카 1개
- 양파 ½개
- 대파 ½대

양념

- 진간장 2큰술
- 식초 5큰술
- 굴소스 1큰술
- 다진 마늘 1큰술
- 물 ⅓컵
- 설탕 2큰술
- 후춧가루 약간

❶ 알배추는 반으로 썰어 그릇에 담은 뒤 물을 살짝 넣고 랩을 씌워 전자레인지에 4분간 돌립니다.

❷ 파프리카, 양파, 대파는 잘게 썰어줍니다.

❸ 분량의 재료로 양념장을 만들어 잘게 썬 채소에 넣고 섞습니다.

❹ 잘 익은 배추 끝부분을 잘라냅니다.

❺ 배추 위에 양념장을 듬뿍 뿌려 냅니다.

5만 원 일주일 집밥

보양식 밀키트

고기도 듬뿍, 해산물도 듬뿍!
일주일 식단 계획표

독소 배출을 돕는 곰피와 미나리, 고등어를 넣은 보양식 식단이에요. 여기에 대패 삼겹살과 수육에 닭봉까지! 겨울 마지막 식단은 고생한 독자에게 선사하는 든든한 밀키트입니다.

※ 연출된 이미지로 실제와 다를 수 있습니다.

TOTAL 5만 원

밀키트 재료 준비하기

주재료	부재료	양념
✔ 대패 삼겹살 1kg	양파 4개	고추장
미나리 300g	대파 2 + ½대	고춧가루
파채 100g	대파 흰 부분 2대 분량	진간장
칼국수 면 2인분	마늘 15톨	맛술
매생이 200g	달걀 4개	설탕
바지락 250g	당근 ½개	매실액
애호박 1개	김가루 약간(선택)	올리고당
고등어 1마리	통후추 1줌(선택)	다진 마늘
돼지고기 앞다리살(수육용) 1kg	다시마 1장	후춧가루
콜라 1L	청양고추 9개	초장
곰피 400g	멸치 국물 팩 1개	된장
참치 캔 1개	쌀뜨물 2컵(360ml)	참치액젓
표고버섯 4개		굴소스
두부 1모		토마토케첩
닭봉 15개		국간장
느타리버섯 100g		굵은소금
밥 2공기		전분
		소금
		식용유
		참기름
		통깨

30분 만에 완성
밀키트 재료 손질하기

start!

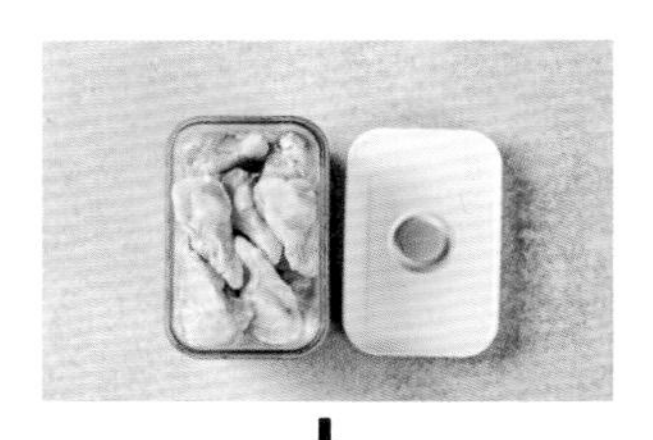

육류

- 닭봉과 돼지고기 앞다리살(수육용)은 각각 통에 넣어 보관합니다.
- 대패 삼겹살은 500g씩 나눠 각각 통에 넣어 보관합니다.

↓

미나리

- 미나리는 ⅓은 5cm 길이로 썰어줍니다.
- 나머지는 15cm 길이로 썰어줍니다.

↓

매생이

- 매생이는 흐르는 물에 2~3번 헹구어 물기를 털고 100g을 밀폐 용기에 담습니다.
- 나머지 100g은 3일 이내로 먹는 것이 가장 좋고 그 이후에 먹는다면 비닐 팩에 담아 냉동 보관합니다.

↓

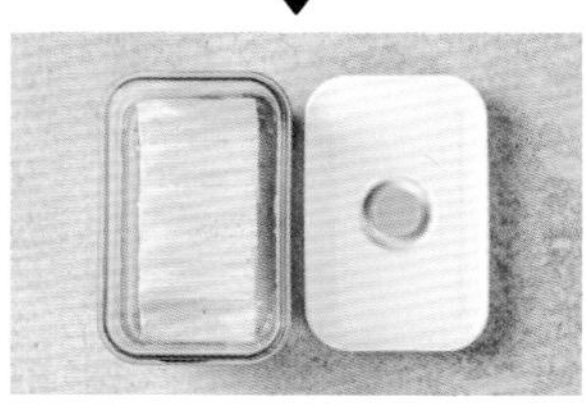

두부

- 두부는 길이 5~6cm와 두께 2cm로 썰어 생수에 담가둡니다.

↓

애호박

- ½개는 반으로 썰어 0.5cm 두께로 썰어줍니다.
- ½개는 잘게 다집니다.

바지락

• 굵은소금으로 문질러 흐르는 물에 깨끗이 씻고, 30분간 해감합니다.

양파

• 1개는 0.5cm 두께로 썰어줍니다.
• 2 + ½개는 1cm 두께로 썰어줍니다.
• ½개는 잘게 다집니다.

표고버섯

• 2개는 잘게 다집니다.
• 2개는 1cm 두께로 썰어줍니다.

대파와 청양고추

• 1 + ½대는 1cm 두께로 썰어줍니다.
• 2대는 흰 부분을 준비합니다.
• 1대는 3cm 길이로 썰어줍니다.
• 청양고추 2개는 1cm, 2개는 0.5cm, 5개는 0.3cm 두께로 썰어줍니다.

곰피

• 곰피는 흐르는 물에 깨끗이 씻습니다. 끓는 물에 넣어 30초 정도만 데치고 건져낸 곰피는 찬물에 담가 식힙니다.
2~3일 내에 먹는다면 냉장 보관해도 되지만 이번 식단에서는 4, 5일 차에 활용하므로 냉동 보관합니다. 찬물에 담가 식혀놓은 곰피는 먹기 좋은 크기로 썰어 물기를 어느 정도 남겨두고 비닐 팩에 넣은 뒤 물을 살짝 넣어 냉동 보관합니다. 자연 해동해서 바로 사용하면 됩니다.

※ 각 과정의 이미지는 참고용으로 실제와 다를 수 있습니다. 반드시 설명을 읽고 따라 하십시오.

재료 보관

손질 재료 소분하기

· 칼국수 면 2인분
· 매생이 100g
· 바지락 250g
· 0.5cm 두께로 썬 애호박 ½개, 양파 ½개
· 1cm 두께로 썬 대파 ½대

· 고등어 1마리
· 15cm 길이로 썬 미나리 200g
· 1cm 두께로 썬 양파 1개와 청양고추 2개
· 3cm 길이로 썬 대파 1대

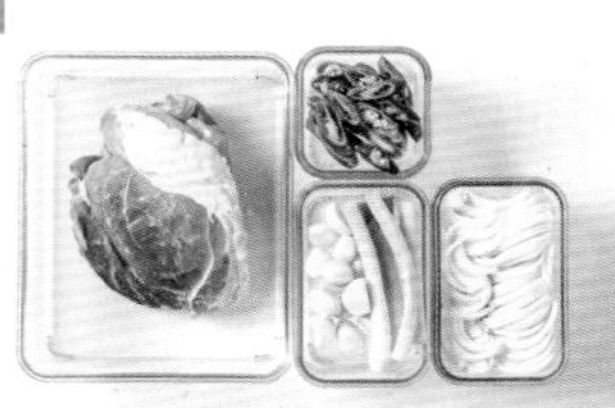

· 돼지고기 앞다리살(수육용) 1kg
· 곰피 200g(공용 재료 / 냉동 보관)
· 마늘 10톨
· 대파 흰 부분 2대
· 0.5cm 두께로 썬 양파 ½개와 청양고추 2개

· 대패 삼겹살 500g(냉동 보관)
· 5cm 길이로 썬 미나리 100g, 파채 100g
· 1cm 두께로 썬 양파 1개

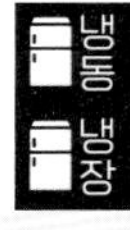

※ 각 과정의 이미지는 참고용으로 실제와 다를 수 있습니다. 반드시 설명을 읽고 따라 하십시오.

· 참치캔 1개
· 잘게 다진 애호박 ½개, 양파 ½개, 당근 ½개, 표고버섯 2개
· 곰피 200g(공용 재료 / 냉동 보관)
· 두부 1모(생수에 담가 보관)

· 닭봉 15개(냉동 보관)
· 0.3cm 두께로 썬 마늘 5톨과 청양고추 5개

· 대패 삼겹살 500g(냉동 보관)
· 매생이 100g(냉동 보관)
· 1cm 두께로 썬 대파 1대와 양파 ½개, 표고버섯 2개
· 느타리버섯 100g

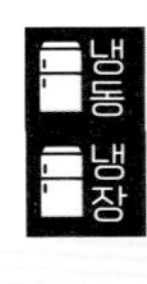

· 곰피 400g(냉동 보관)

바지락매생이칼국수

30분 소요 | 난이도 중 | 냉장 3일 이내

겨울이면 항상 생각나는 뜨끈한 칼국수. 거기에 바지락과 매생이를 넣으면 시원하게 먹을 수 있어요.

재료

- 칼국수 면 2인분
- 매생이 100g
- 바지락 250g
- 애호박 ½개
- 대파 ½대
- 양파 ½개
- 물 1L
- 멸치 국물 팩 1개

양념

- 국간장 또는 참치액젓 2큰술

❶ 물에 멸치 국물 팩을 넣어 끓여 국물을 만들어둡니다.

❷ 바지락은 깨끗이 씻어 해감합니다.

❸ 매생이는 흐르는 물에 깨끗이 씻습니다.

❹ 애호박, 양파는 0.5cm 두께로 채 썰어줍니다.

❺ 대파는 1cm 두께로 썰어줍니다.

❻ 칼국수 겉면에 묻은 밀가루는 체에 올려 가볍게 털어줍니다.

❼ 팔팔 끓는 국물에 양파, 대파, 애호박을 넣고 중간 불에 3분간 끓입니다.

❽ 조개를 넣고 끓기 시작하면 칼국수 면을 넣고 중간 불에 5분간 더 끓입니다.

❾ 국간장 또는 참치액젓으로 간을 맞춥니다.

❿ 매생이를 넣어 3분간 더 끓입니다.

NOTE
· 바지락 해감 시 쇠숟가락을 넣으면 시간을 줄일 수 있어요.
· 칼국수 겉면의 밀가루를 털어내는 것은 더욱 깔끔한 국물을 내기 위해서예요.

미나리고등어조림

30분 소요 | 난이도 중 | 냉장 2일 이내

미세 먼지가 걱정인 요즘 중금속 배출을 돕는 미나리를 식단에 한 번씩 넣는 것도 건강 챙기는 데 한몫할 수 있어요. 건강식으로도 훌륭하지만 미나리와 고등어 조합으로 매콤하게 조림으로 만들면 밥반찬으로 훌륭해요.

재료

- 고등어 1마리
- 미나리 200g
- 양파 1개
- 대파 1대
- 청양고추 2개
- 쌀뜨물 2컵(360m)

양념

- 된장 1큰술
- 고춧가루 4큰술
- 진간장 3큰술
- 참치액젓 1큰술
- 다진 마늘 1큰술
- 매실액 2큰술 • 설탕 1큰술

❶ 미나리는 15cm 길이로 썰어줍니다.
❷ 청양고추와 양파는 1cm 두께로 썰어줍니다.
❸ 대파는 3cm 길이로 썰어줍니다.
❹ 고등어는 먹기 좋게 3등분합니다.
❺ 냄비에 양파-고등어-대파 순서로 깔아줍니다.
❻ 고등어가 살짝 잠길 정도로 쌀뜨물 2컵을 붓습니다.
❼ 분량의 재료로 만든 양념장을 넣고 10분간 끓입니다.
❽ 미나리와 청양고추를 듬뿍 올려 10분간 더 끓입니다.

NOTE
· 고등어 비린내를 제거하려면 쌀뜨물에 30분 동안 담가놓으세요.
· 겨울 무가 있다면 냄비 맨 밑에 깔아주고, 양념장과 쌀뜨물을 조금 더 추가해 무를 푹 익혀서 같이 곁들여 먹어도 맛있어요.

콜라수육

40분 소요 | 난이도 하 | 냉장 4일 이내

콜라를 넣어 훨씬 더 부드럽고 잡내 없이 맛있는 수육을 간단하게 만들 수 있어요. 고기 한 덩이와 콜라를 사서 꼭 한번 만들어보세요.

재료

- 돼지고기 앞다리살(수육용) 1kg

잡내 제거용 재료

- 대파 흰 부분 2대 분량
- 콜라 1L
- 마늘 10톨
- 통후추 1줌(선택)

양념

- 진간장 70ml

❶ 냄비에 고기와 진간장, 대파 흰 부분, 콜라, 마늘, 통후추 등 잡내 제거용 재료를 넣습니다.

❷ 중간 불에서 15분간 뚜껑을 덮지 않고 끓입니다.

❸ 15분 뒤 한번 뒤집어 뚜껑을 덮고 중약불에서 30분간 팔팔 끓입니다.

❹ 고기를 건져내 10분간 식힌 뒤 얇게 썰어 냅니다.

NOTE · 콜라는 잡내를 제거하고 육질을 부드럽게 하는 데 탁월해요.
· 콜라 대신 물을 넣어도 좋습니다.

곰피된장무침 10분 소요 | 난이도 하 | 냉장 5일 이내

겨울 제철 식재료 곰피는 쇠미역이라고도 불리기도 해요. 제철이 아니어도 마트에 가보면 염장 곰피가 자주 보이더라고요. 염장 곰피인 경우 흐르는 물에 씻어 찬물에 10분 정도만 담가서 사용하면 됩니다.

재료

- 곰피 200g
- 양파 ½개
- 청양고추 2개

양념

- 된장 1큰술
- 매실액 3큰술
- 다진 마늘 1큰술
- 고춧가루 1큰술
- 고추장 1큰술
- 설탕 1큰술

❶ 곰피는 깨끗이 씻어 준비합니다.

❷ 씻은 곰피는 끓는 물에 1분간 데쳐서 찬물에 헹군 뒤 적당한 크기로 썰어줍니다.

❸ 양파와 청양고추는 0.5cm 두께로 썰어줍니다.

❹ 곰피에 분량의 재료로 만든 양념장과 양파, 청양고추를 넣고 무쳐 완성합니다.

NOTE 곰피는 간단히 초장에 무쳐서 먹어도 좋아요.

미나리파채대패불고기

20분 소요 | 난이도 하 | 냉장 4일 이내

한번 먹으면 멈출 수 없는 불고기 레시피예요. 향긋 아삭한 미나리에 알싸한 파채까지 더하고 잘 볶은 채소와 고기를 곁들이면 정말 맛있는 반찬이 완성됩니다.

재료

- 대패 삼겹살 500g
- 미나리 100g
- 파채 100g
- 양파 1개

양념장

- 고추장 3큰술
- 고춧가루 3큰술
- 진간장 3큰술
- 맛술 3큰술
- 설탕 1큰술
- 매실액 2큰술
- 올리고당 1큰술
- 다진 마늘 1큰술
- 물 4큰술 • 후춧가루 약간

❶ 미나리는 5cm 길이로 썰어줍니다.

❷ 양파는 1cm 두께로 썰어줍니다.

❸ 대파를 반으로 썬 뒤 돌돌 말아 잘게 썰어 파채를 만듭니다.

❹ 파채와 미나리에 분량의 재료로 만든 양념장을 넣고 버무립니다.

❺ 넓은 팬에 대패 삼겹살을 넣고 80% 익을 때까지 양파와 함께 볶습니다.

❻ ④의 파채미나리무침을 올려 볶습니다.

❼ 양념이 부족하면 남은 양념장을 넣어가며 볶습니다.

NOTE 미나리, 파채 대신 어떤 채소를 사용하든 잘 어울려요.

채소참치죽

30분 소요 | 난이도 중 | 냉장 5일 이내

아프지 않아도 가끔 맛있는 죽이 생각날 때가 있어요. 죽만큼 간편하면서 속을 달래주는 음식도 없는 것 같아요. 쌀을 불려서 볶으면 번거로우니 쌀밥 1공기와 다양한 재료를 넣으면 간단하면서도 맛있는 죽을 만들 수 있어요.

재료

- 참치 캔 1개
- 양파 ½개
- 애호박 ½개
- 표고버섯 2개
- 당근 ½개
- 밥 1공기
- 식용유 2큰술
- 물 4컵(720ml)
- 다시마 1장
- 김가루 약간(선택)
- 참기름 1큰술(선택)

양념

- 소금 ½큰술

❶ 양파, 애호박, 표고버섯, 당근은 잘게 다집니다.

❷ 냄비에 기름을 두르고 채소를 3분간 볶습니다.

❸ 물과 다시마를 넣고 팔팔 끓입니다.

❹ 다시마는 건져내고 밥을 넣습니다.

❺ 중약불에서 5분간 저어가며 끓여줍니다.

❻ 기름을 뺀 참치, 소금 ½큰술을 넣고 잘 섞습니다.

❼ 기호에 따라 김가루, 참기름, 소금을 추가합니다.

NOTE 간편하게 조리하기 위해 밥을 사용했지만, 30분간 불린 쌀을 2번 과정 다음에 넣고 5분간 볶아 물을 넣고 끓이는 것이 정석입니다.

곰피두부말이

5분 소요 | 난이도 하 | 냉장 5일 이내

다이어트에도 좋은 초간단 반찬! 곰피만 먹어서 아쉬운 마음을 두부로 채워 주세요.

재료

- 곰피 200g
- 두부 1모
- 굵은소금 ⅓큰술

양념

- 초장 약간

❶ 곰피는 흐르는 물에 깨끗이 씻습니다.

❷ ①에 굵은소금을 넣고 1분간 데칩니다.

❸ 찬물에 헹궈 적당한 크기로 썰어줍니다.

❹ 두부는 끓는 물에 30초간 데쳐 찬물에 식힙니다.

❺ 데친 두부를 적당한 크기로 썰어줍니다.

❻ 곰피에 두부를 넣고 돌돌 말아줍니다.

❼ 초장을 곁들여 냅니다.

NOTE 파프리카, 양파를 얇게 썰어서 같이 쌈을 싸서 먹어도 맛있어요.

닭봉간장조림

30분 소요 | 난이도 중 | 냉장 2일 이내

닭봉 요리 중 너무 맛있게 먹은 메뉴 중 하나예요. 살짝 오버해서 치킨집에서 먹는 간장소스랑 싱크로율 100%! 그릇에 은박지를 붙여 닭봉을 올리면 치킨집에서 갓 배달받은 듯 맛있는 닭봉 요리를 즐길 수 있어요.

재료

- 닭봉 15개
- 청양고추 5개
- 마늘 5톨
- 전분 3큰술
- 식용유 2큰술
- 우유 적당량

양념장

- 진간장 3큰술
- 올리고당 3큰술
- 다진 마늘 1큰술
- 굴소스 1큰술
- 토마토케첩 1큰술
- 물 ½컵(90ml)

❶ 닭봉은 우유에 30분간 담가 핏물과 잡내를 제거합니다.

❷ 담가둔 닭봉을 흐르는 물에 헹궈 물기를 제거합니다.

❸ 닭봉에 전분을 넣고 버무립니다.

❹ 마늘, 청양고추는 0.3cm 두께로 얇게 썰어줍니다.

❺ 팬에 기름을 두르고 닭봉을 노릇하게 튀깁니다.

❻ ④의 편마늘도 노릇하게 튀겨줍니다.

❼ 깨끗한 팬에 분량의 재료로 만든 양념장을 넣고 끓입니다.

❽ 끓기 시작하면 튀긴 마늘과 닭봉, 청양고추를 넣습니다.

❾ 중간 불에서 5분, 중약불에서 5분간 볶으며 조립니다.

NOTE 닭고기를 우유에 담가놓으면 잡내가 제거되고 육질이 부드러워집니다.

매운버섯대패덮밥

15분 소요 | 난이도 하 | 냉장 4일 이내

덮밥은 설거지를 줄일 수 있어서 좋고, 웬만한 재료를 맛있게 볶아 밥에 올려 먹으면 미각은 물론 시각적으로도 만족스럽죠. 이 레시피는 쫄깃한 버섯과 대패 삼겹살을 매콤하게 볶아 따뜻한 밥 위에 올려 맛있게 먹은 레시피예요.

재료

- 느타리버섯 100g
- 표고버섯 2개 • 대파 1대
- 양파 ½개
- 대패 삼겹살 500g
- 식용유 2큰술 • 참기름 1큰술
- 통깨 1큰술 • 김가루 약간
- 밥 1공기

양념

- 고추장 4큰술
- 고춧가루 2큰술
- 맛술 3큰술 • 진간장 2큰술
- 물 6큰술 • 설탕 1큰술
- 다진 마늘 1큰술

❶ 대파와 양파, 표고버섯은 1cm 두께로 썰어줍니다.

❷ 느타리버섯은 먹기 좋게 찢어서 준비해둡니다.

❸ 팬에 기름을 두르고 대파와 양파를 볶습니다.

❹ 대패 삼겹살을 넣고 5분간 볶습니다.

❺ 버섯과 분량의 재료로 만든 양념장을 넣고 볶습니다.

❻ 따뜻한 밥 위에 듬뿍 올리고 참기름, 통깨, 김가루로 마무리합니다.

매생이달걀말이

10분 소요 | 난이도 하 | 냉장 4일 이내

재료에 따라 맛과 색감도 달라지는 달걀말이! 겨울 제철 식재료인 매생이를 활용해 만들어봤어요. 매생이의 폭신폭신함이 달걀말이의 식감을 한층 더 높여줍니다.

재료

- 달걀 4개
- 매생이 100g
- 식용유 2큰술

양념

- 맛술 1큰술
- 소금 약간

❶ 달걀 4개를 곱게 풀어줍니다.

❷ 매생이를 넣고 가위로 3~4번 잘라둡니다.

❸ 달걀과 매생이를 잘 섞습니다.

❹ 맛술 1큰술, 소금 약간을 넣어 간을 맞춥니다.

❺ 기름을 두르고 달군 팬에 달걀물을 올려 약한 불에서 천천히 익힙니다.

❻ 50% 정도 익으면 돌돌 말아 앞뒤로 더 노릇하게 익힙니다.

NOTE 달걀물을 반씩 나누어 반은 매생이를 섞어 프라이팬에 먼저 돌돌 말아주고 남은 달걀물을 부어 다시 돌돌 말아주면 더욱 예쁜 달걀말이를 만들 수 있어요.

1만원 일주일 집밥

제철
반찬

파래무침 10분 소요 | 난이도 하 | 냉장 7일 이내

파래는 바다 내음을 가득 담은 겨울 제철 식재료예요. 저렴하게 구매할 수 있어 가성비 좋은 반찬을 만들 수 있죠. 영양가도 풍부하고 입맛을 살리기에도 아주 좋아요.

재료

- 파래 200g
- 무 100g
- 설탕 1큰술
- 소금 ½큰술

양념장

- 식초 3큰술
- 설탕 1큰술
- 멸치액젓 1큰술
- 다진 마늘 ½큰술

❶ 무는 얇게 채 썰어 설탕 1큰술, 소금 ½큰술을 넣고 10분간 절입니다.

❷ 물에 파래를 깨끗이 씻고 흐르는 물에 다시 한번 헹궈 준비해둡니다.

❸ 헹군 파래는 3~4등분합니다.

❹ ①의 절인 무는 물기를 꽉 짜고 분량의 재료로 만든 양념장에 절인 무, 파래를 조물조물 무칩니다.

NOTE 파래를 씻을 때는 우선 뭉쳐 있는 파래를 가볍게 털어 풀어줍니다. 그런 다음 소금 ½큰술과 식초 1큰술을 넣고 문질러 씻어 흐르는 물에 두 번 정도 헹굽니다.

유자무피클 30분 소요 | 난이도 하 | 냉장 1개월 이내

유자무피클은 제가 정말 좋아하는 피클 중 하나예요. 맛도 좋지만 레시피도 간단하죠. 유자를 넣어 상큼한 맛이 나서 어떤 요리에 내놓아도 잘 어울려요.

재료

- 무 ½개
- 유자청 5큰술
- 통후추 약간(선택)

식초물

- 물 2컵(360ml)
- 식초 1컵(180ml)
- 설탕 4큰술
- 소금 ½큰술

❶ 무는 채칼로 얇게 썰어줍니다.

❷ 무에 유자청, 통후추(선택)를 넣고 버무립니다.

❸ ②를 유리병에 담은 뒤 식초물을 붓습니다.

❹ 냉장고에서 하루 동안 숙성시킵니다.

NOTE · 무를 얇게 썰어 하루만 숙성시켜도 충분히 맛있게 먹을 수 있어요.

미역콜라비무침 10분 소요 | 난이도 하 | 냉장 5일 이내

콜라비는 익숙하지 않은 식재료일 수 있지만 겁내지 않아도 돼요. 무와 똑같다고 생각하면 쉬워요. 겨울 제철 식재료 물미역 대신 마른 미역으로 대체해 콜라비와 함께 무쳐 먹으면 맛있는 반찬이 금세 완성됩니다. 간단하면서 영양가 가득한 매콤새콤 반찬으로 즐겨보세요.

재료

- 마른 미역 35g
- 콜라비 1개

양념

- 고추장 2큰술
- 고춧가루 1큰술
- 다진 마늘 ½큰술
- 진간장 1큰술
- 올리고당 1큰술
- 설탕 ½큰술
- 매실액 1큰술
- 식초 3큰술
- 통깨 ½큰술

❶ 미역은 물에 30분간 불려둡니다.

❷ 불린 미역은 흐르는 물에 씻어 먹기 좋게 썰어줍니다.

❸ 콜라비는 껍질을 제거하고 얇게 채 썰어줍니다.

❹ 분량의 재료로 양념장을 만들어 미역과 콜라비를 넣고 무쳐 완성합니다.

NOTE 청양고추와 홍고추를 얇게 채 썰어 같이 넣어 무치면 매콤해지고 색감도 더 좋아져요. 양념장을 만들기 귀찮다면 초고추장에 간단히 무쳐 먹어도 좋아요.

물김치 30분 소요 | 난이도 하 | 냉장 1개월 이내

저희 남편이 가장 좋아하는 반찬 중 하나예요. 어떤 음식에든 잘 어우러지고 소화에도 아주 좋아요. 어려울 것 같지만 재료만 손질해서 준비하고 믹서에 갈기만 하면 뚝딱 만들 수 있어요. 한번 만들어 먹기 시작하면 절대 사 먹을 수 없는 마성의 매력 물김치를 추천합니다.

재료

- 알배추 1통
- 무 ⅔개
- 굵은소금 2큰술
- 양파 1개
- 배 2개
- 마늘 6톨
- 당근 1개
- 쪽파 100g
- 밀가루 3큰술
- 물 1,600ml

양념

- 매실액 90ml
- 새우젓 4큰술
- 굵은소금 1큰술

❶ 알배추는 3cm 길이로 썰어 깨끗이 씻습니다.

❷ 썬 배추는 굵은소금 2큰술을 넣어 30분간 절입니다.

❸ 무, 당근은 반으로 갈라 0.3cm 두께로, 쪽파는 3cm 길이로 썰어줍니다.

❹ 냄비에 물 1컵과 밀가루를 넣고 1분만 끓인 뒤 식혀줍니다.

❺ 믹서에 무, 마늘, 양파, ④의 밀가루 풀, 새우젓 2큰술, 배, 물 2컵을 넣고 갈아줍니다.

❻ 갈아낸 재료는 면포 또는 체에 걸러 건더기를 제거합니다.

❼ ②의 절인 배추는 흐르는 물에 헹굽니다.

❽ 통에 절인 배추와 잘게 썬 쪽파, 무, 당근, 배를 넣습니다.

❾ 걸러낸 즙과 물 1L, 새우젓 2큰술, 굵은소금, 매실액을 넣어 잘 섞습니다.

❿ 실온에서 하루 숙성시킨 뒤 냉장 보관합니다.

NOTE · 밀가루풀 대신 찬밥 3큰술로 대체해도 좋아요. · 실온 기준 겨울 1~2일, 여름 반나절~1일 숙성이 적당해요. · ⑨에서 소금, 새우젓의 양은 취향에 따라 조절하세요.

당근라페 20분 소요 | 난이도 하 | 냉장 일주일 이내

당근의 또 다른 매력을 느낄 수 있는 당근라페! 반찬으로 먹기에도 좋고, 빵에 듬뿍 올리고 크림치즈, 슬라이스햄 등을 올려 샌드위치처럼 먹기에도 좋아요.

재료

- 당근 3개
- 소금 ½큰술

양념장

- 올리브 오일 3큰술
- 홀그레인 머스터드 1큰술
- 식초 2큰술
- 설탕 ⅓큰술
- 올리고당 또는 꿀 ½큰술
- 후춧가루 약간
- 소금 약간

❶ 당근은 얇게 채 썰어줍니다.

❷ 채 썬 당근은 소금을 넣고 30분간 절입니다.

❸ 절인 당근에서 나온 물은 꾹 짜서 버립니다.

❹ 분량의 재료로 양념장을 만들어 절인 당근에 넣고 버무립니다.

NOTE 3번 과정에서 당근에서 나온 물은 꾹 짜야 냉장 보관 시 물이 나오지 않고 오래 맛있게 먹을 수 있어요.

쫀득한 연근조림 20분 소요 | 난이도 중 | 냉장 2주일 이내

아삭한 연근조림 vs 쫀득한 연근조림, 둘 중 어떤 식감을 더 좋아하시나요? 저는 둘 다 좋아하지만 쫀득한 식감이 조금 더 맛있게 느껴지더라고요. 쫀득한 연근조림은 아삭이보다 조금 더 시간이 소요되지만, 한번 만들어놓으면 계속 젓가락이 가는 연근조림을 먹을 수 있어요.

재료

- 연근 500g
- 물 150ml
- 식초 2큰술
- 식용유 2큰술

양념

- 진간장 5큰술
- 설탕 2큰술
- 물엿 6큰술
- 참기름 1큰술
- 통깨 1큰술

❶ 연근은 깨끗이 씻어 껍질을 벗깁니다.

❷ 손질한 연근을 0.5cm 두께로 썰어줍니다.

❸ 끓는 물에 식초를 넣고 썰어둔 연근을 넣어 3분간 데칩니다.

❹ 찬물에 헹궈 물기를 제거합니다.

❺ 팬에 기름을 두르고 연근을 2분간 볶습니다.

❻ 진간장 5큰술, 설탕 2큰술을 넣어 2분간 볶아줍니다.

❼ 물 150ml를 넣고 중간 불에서 15분간 조립니다(중간에 한 번씩 뒤적입니다).

❽ 물엿을 넣고 뒤적여가며 5분간 더 조립니다.

❾ 불을 끄고 참기름 1큰술, 통깨 1큰술을 넣어 버무립니다.

NOTE
· 설탕 대신 흑설탕으로 넣으면 색을 진하게 만들 수 있어요.
· 물엿이 없다면 올리고당으로 대체하세요.
· 썰어둔 연근은 갈변되기 쉬우니 식초물에 담가두세요.

MEMO

MEMO

MEMO